U0336467

怦然心动
的人生
整理魔法

人生がときめく片づけの魔法

CS 湖南文艺出版社
HUNAN LITERATURE AND ART PUBLISHING HOUSE
博集天卷 CS-BOOKY

[日] 近藤麻理惠 —— 著   徐明中 —— 译

新版序

非常感谢您购买这本书。

《怦然心动的人生整理魔法》最早于2012年在中国出版。这次经过重新修订和装帧再次与大家见面，我感到非常高兴。因为我坚信，现在正是向中国的广大读者再次宣传这种方法的最佳时机。

自第一本书出版以来，我的生活也发生了许多变化。

这本书在全世界40多个国家和地区出版发行，系列累积销量超过850万册。

2015年，我被美国《时代》周刊评选为"世界最具影响力的100人"之一，随后我携全家搬到美国定居。为了将我总结出来的这套方法传达给全世界，实现"整理全世界""让人们的生活变得更好"的目标，我在美国成立了一家整理顾问公司。

　　就在我坚持不懈地向全世界传达这个方法的过程中，我也越来越坚信整理能够改变人生。

　　2017 年，我受邀来到中国发表演讲。在意识到中国的普通受众也迫切需要整理方法的同时，粉丝们的笑容更是给我留下了非常深刻的印象。如今我在微信上建立了用来发布信息的订阅号（近藤麻理惠心动整理魔法，微信号：jinteng-zhengli），感觉与中国读者们的联系进一步加深了。

　　时间在变，但我总结的方法是不变的。而且这第一本书，对今天的我来说仍然是如同原点一般的存在。希望大家能够读一读这本书，并且尽早开始整理。

　　因为在进行过整理之后，你的人生一定会变得更加闪亮。

近藤麻理惠

Chapter 1
为什么再怎么整理都整理不好？

Chapter **2**
只留下让你怦然心动的，其他统统"丢掉"！

Chapter **3**
按"物品类别"整理，竟如此顺利！

Chapter **4**
让人生闪闪发亮的"心动收纳课"

Chapter **5**
让人生发生戏剧性变化的整理魔法

请你一起来体会
整理的魔法

　　这本书讲的是"只要整理一次就绝对不会回复杂乱的整理方法"。

　　也许有人质疑世上不可能有这样的方法。

　　这种质疑虽然武断，但也在情理之中。

　　因为几乎所有想要整理的人都会发现：即使进行了彻底的整理，没过多久，又会回复到原先杂乱无序的状态。人们都为这样的反弹现象烦恼不已。

　　为此，本书试图向你传达这样的理念：

　　首先，请用"丢弃"的方法来完成整理的第一步。然

后再按正确的顺序进行一次短期的、彻底的整理，这样就绝对不会再回到杂乱无序的原始状态。

若从以前的整理·整顿·收纳方法的常识来看，我所讲授的整理法是与其迥然有别的非常识。但是，凡是跟我上过一对一课程并且毕业的人，都能长久地保持房间的整洁，而且经过这样的整理后，他的工作、家庭，甚至他的整个人生都莫名发生了可喜的变化。这其实也是把 80% 以上的人生都花在整理上的我，这一路以来所得到的结论。

有人说："不要说这样的大话。"

确实不能言过其实。但是如果只靠每天一点一点地丢弃那些无用的物品来对房间稍做整理的话，就不会产生这样显著的效果。

不同的整理方式，会对我们的人生带来难以估量的影响。这就是本书所倡导的"整理方法"的魔力所在。

我五岁时就开始阅读家庭主妇类的生活杂志，并以此为契机从十五岁起正式研究整理法。现在我的工作就是整理顾问，几乎每天我都要指导那些"不擅长整理的人""整理后又立刻回到原来状态的人""想整理却不知该如何下手的人"收拾整理自己的家或办公室。

迄今为止，那些受我指导的客户丢弃了大量的无用物品，从衣服、内衣到照片、圆珠笔、杂志的剪报、化妆品的试用装等小件物品，合计起来大概能轻松超过一百万个。这个数量绝非夸大其词，我曾亲自陪客户一起丢掉两百个以上四五升装垃圾袋的东西。

根据我认真研究这种整理法的经验，以及指导许多人从"不会整理"变成"会整理"的经验，我对这一点充满自信——**如果有人在其家中进行一次戏剧性的整理，那么他的想法和生活方式，甚至他的人生都会发生戏剧性的变化。**

也许有人认为"通过整理来改变人生，这样的说法太夸张了……"但这的确是真的。

"我重新发现了自己小时候就怀抱的梦想，于是决定辞去公司的工作，自己创业。"

"我终于明白了什么是必要的，什么是不必要的，所以最后和丈夫离了婚，过上了心情舒畅的生活。"

"那个我正想见的人不知为何竟然主动来和我联系了。"

"我整理好了房间，业绩竟然也跟着大幅提升，真开心啊。"

"夫妻感情不知为何突然变好了。"

"我只是丢弃了一些物品，没想到让自己也发生了这样大的变化，真觉得不可思议。"

"不知不觉我就瘦了三公斤。"

我每天都会收到很多客户的意见与心声，这只是其中一小部分。而且他们是真的非常开心地来向我报告这些消息。

那么，为什么只要把家里整理好了，就会使自己的想法、生活方式甚至之后的人生都发生这样大的变化呢？

有关详情我会慢慢地细说。若用一句话来总结，那就是"所谓的整理就是对过去的整理"。

从这个理念出发，我们到最后就会很清楚地知道在人生中什么是必要的，什么是不必要的，什么是应该做的，什么是不应该做的。

我目前开设的课程有两种。一种名为"少女的整理收纳课"，内容是以女性为对象的居家专属课；另一种名为"经理的整理收纳课"，内容则是以经营者为对象的办公室专属课（客户须经人介绍才能入学）。两者都是一对一的个人课程。

实际的效果甚佳，因为直到目前为止，来上课的客户从不间断，预约总是满到三个月后才有空，而且靠着客户介绍和口耳相传慕名前来询问课程资讯的更是络绎不绝。我每天都在各大城市间飞来飞去，从东京、大阪到北海道，有时候甚至远赴国外。

有一次，我参加了某个育儿主妇团体举办的演讲会。那个活动刚开放预约就接待了大量的报名者，仅仅一个晚上就报满了。

举办方为了答谢报名者的热情，立即着手办理等待报名者取消的替补者登记，甚至还出现了"等待替补者取消"的替补者名单。

我教学的课程不但人气甚高，而且客户的复学率为零。没有回头率，从商业运作上来说是非常致命的问题。但如果我说，这正是我传授的整理法能够得到广大客户的热情支持的秘诀，各位是否能够心领神会呢？

没错，这个秘诀就是我一开始所说的"只要整理一次就绝对不会回复杂乱"。换句话说，客户在上过课之后，都能靠自己的力量来维持房间整理过的整洁状态，而不需要重复学习整理法的课程了。

在客户们课程结束的几个月后，我偶尔会用电子邮件或信件询问："现在的房间状况怎样了？"大多数人的回复是："非但没有再变乱，还变得越来越干净了！"他们接着还会补充说起自身的变化。只要看一下他们随回信寄来的房间照片，就会发现和几个月前刚学完课程时的情况相比，房间里放置的东西更少了，甚至连窗帘和床罩都焕然一新，完全展现出**"只被喜爱事物围绕的幸福场景"**。

为什么上完课的人能够变成真正"会整理的人"呢？那是因为我所传授的整理方法绝不是一般的整理技巧。

整理这个行为本身是一连串的单纯作业，无非是把这里的物品移动到那里，再把这里的物品收纳到那个架子上。如果光从行为本身来看，应该连小学一年级的学生都能做到。但是这样做并不能达到整理法的要求，或者说即使整理过了还是会回到原来杂乱的状态。其原因在于一开始就没有养成能持续保持整洁状态的好习惯，抑或在认识上还存在着误区，这些精神层面的问题都没有得到根本解决。

我始终认为：**"整理的九成得靠精神。"**如果没有这种理念，即使丢弃再多的物品，即使花再大的精力仔细收纳，也必然会在什么时候又原形毕露。那么，怎样才能具备正确的认识呢？解决的方法只有一个，就是以正确的理念进行整理。所以，我所传授的整理法**不是所谓物理性的整理和收纳的技巧，而是一种通过使其具备整理上的正确认识，成为"会整理的人"的方法。**

当然，我并不认为迄今为止所有来学习的客户都已达到了完美的整理水平。遗憾的是，有些人由于种种原因，课上到一半就不来了，因而无法顺利"毕业"。还有不少人误以为这和普通的家政服务差不多，所以抱着让我代为整理的想法而来上课。

我是"职业整理专家"，一向以"帮助客户整理房间"为己任。我敢断言，即使我尽了最大的努力，为某人的房间进行了精心的整理，即使我像对待样板房那样，对房间里的物品进行了完美准确的组合收纳，但从真正的意义上来说，我未能把他的房间整理好。因为我认为与传授技巧的整理法和收纳法相比，我更大的作用在于帮助他端正对生活的认识和想法，也就是"想在什么环境中生活"的这种非常私人化的价值观。

"我想要不管何时都能在整洁舒服的房间里，舒适愉快地生活……"

无论是谁都想要这种生活。而且，只要曾经把房间彻底整理过一次的人，应该都会想过"真想一直保持这种整齐的状态"。

但是，大多数人虽有这样的愿望却没有足够的自信，甚至沮丧地认为"这种事情是办不到的"。迄今为止，他们尝试过各种各样的整理法，结果都只能保持短暂的整洁状态，没过多久又出现了原来那样的杂乱现象……

但我可以充满自信地说："谁都能使整理过的房间长久保持整洁的状态。"

当然，为了达到这个目的，必须对以前深信不疑的有关整理的想法和习惯做出重大的修正。也许有人会觉得太难而犹豫不决，但这没有关系。当你看完这本书时，一定会觉得你自己已经完全赞同了我的观点。

经常会听到这样的说法："我是 B 型血，平时最怕麻烦了，所以不会整理。""没有时间，所以没有办法整理。"

这样的说法显然是没有道理的。不会整理既不是遗传的问题，也不是时间不够的问题。不会整理是由于以前在常识上存在很多误区。比如，"每个房间要轮流整理""因为一次性整理容易反弹，所以只要每天整理一点就行了""组合收纳时要考虑操作方便"等等。

我们常说"把房间和厕所打扫干净就会带来好运"。这句话无疑是十分正确的。但如果房间里的物品又多又乱，一切的作为都无从谈起，即使把马桶擦拭得再干净，其效果也必然微乎其微。风水也是同样的道理。只有先把房间整理干净了，里面的家具和物品的配置才会相得益彰，富有生气。

无论是谁，只要体验过一次完善的整理，就会体会到心动般的感觉，而且，还会实际感受到"整理之后"的人生所产生的戏剧性变化。

如此一来，就不会再回到原来的杂乱状态。

因此，我把这种整理法称为"整理的魔法"。

这种"整理的魔法"效果极好，只要进行一次整理就绝对不会回复到原来的杂乱状态，而且还能轻松地展开全新的人生。

我衷心希望，能够有更多的人，就算多一个人也好，能够学会这种整理的魔法。

Chapter **1**

为什么再怎么整理
都整理不好？

人生がときめく片づけの魔法

从此摆脱"不会整理"的噩梦

每当我介绍自己的工作,"我在开课教人怎么整理东西",话音刚落,大家都会瞪大眼睛,惊讶地问道:"这也算得上一项工作吗?"接着,他们还会继续问:"我们过去一直都在整理,这也需要学习吗?"

确实,以厨艺课为发端,相继出现了服饰课、瑜伽课以及偶尔还会看到的"打禅课"。最近学习蔚为风潮,课程的种类五花八门,蔚为大观,但是即便如此,还是没有出现过整理课。

这种现象与一直以来人们认为"整理不是学来的,而是熟能生巧"的想法息息相关。在家庭料理方面,人们常以"妈妈的味道""佐藤家祖传的咖喱饭"为傲,并习惯以奶奶传给母亲、母亲传给女儿的方式来传授传统的技法。

与此相比，整理法的传授却没有那么幸运，从来没听说有人会在各家几乎相同的家务整理上胆敢自豪地宣称："这是我家秘传的整理法。"

请大家想想小时候的情景吧，父母虽然常会生气地对我们大喊："你给我好好整理一下！"但却很少有人把整理方法当作教养的一部分正式传授给孩子。一项调查表明，"曾经学习过整理相关理论的人"实际上连百分之零点五都不到。即使是父母，也不太知道正确的整理方法。

也就是说，几乎所有的人都是按照自己习惯的方式来进行整理的。

不仅家庭教育，即使学校教育中有关整理的学习，也没有得到应有的重视。

如果有人问："说到家政课，你会想到什么画面呢？"或许大多数人想到的都是诸如小组吵吵闹闹一起做汉堡的烹饪课，或是使用不太顺手的缝纫机缝制围裙的缝纫课吧。

实际上，在中小学家政课的教科书中，整理知识所占的比例远低于烹饪和缝纫知识。而且，就是这些非常单薄的教学内容也备受冷落。老师只是照本宣科、领着学生按顺序通读一遍教材就结束了。更有甚者，有的老师竟然对学生说"这部分请大家自学吧",然后就轻易地跳到大家都喜欢的章节——"食物的重要性"。

在这样的情况下,即使那些家政专业毕业、号称"学过整理"的人,往往也"不会整理"。

就如"衣食住行"这四个字所表明的一样,穿衣、吃饭、居住和交通应该同等重要,然而人们对支撑居住的重要元素——整理,却一直不当一回事,归根究底还是因为"整理与其说是学来的,不如说是熟能生巧"的意识在人们的头脑中根深蒂固。

那么,**如果说整理是熟能生巧,那么也就是说忙于整理的年岁越长,就越能自然而然地"会整理"了吗?** 答案是否定的。

实际上,上我课程的人当中有百分之二十五是五十多岁的女性,大多数人已经做了近三十年的家庭主妇,是做家务的老手。但是这并不能说明她们比二十多岁的女性更会整理,而且实际的结果也是恰恰相反。因为她们一直以来采用的,都是被视为常识、但实际上却是错误的整理方法,所以总是留下过多没用的东西,或是为不合理的收纳方法所苦。

人们在过去没有学习过正确的整理法,因此,**"不会整理"对大多数人来说,反而是理所当然的事。**

　　不过也不必为此感到担心，因为现在正是学习正确整理法的大好时机。只要和我一起学习、实践正确的整理法，无论是谁都能摆脱"不会整理的噩梦"。

千万别被"一口气整理完就又会变乱"给骗了！

有人这样倾诉自己的烦恼："觉得凌乱时会一口气整理完，但是没过多久，房间里又恢复了原来乱糟糟的样子。"有人这样回答："因为一口气整理后会立刻反弹，所以应该养成每天只整理一点的习惯。"我五岁时第一次在杂志上看到这种经常刊载的专题问答。

我家三兄妹中我是老二，三岁以后我就过着无人管束的自由生活。母亲自生下妹妹后就不再管我了，比我大两岁的哥哥非常喜欢电子游戏，总是痴迷地注视着电视画面，所以我在家时几乎都是一个人待着。

那时我最大的乐趣就是阅读面向家庭主妇的生活杂志。母亲订阅的是 *ESSE* 杂志。每当收到那本邮寄的杂志时，我就会抢先母亲一步打开包装，翻开杂志贪婪地阅读起来。

上小学时，我也常在放学回家的路上，顺道偷偷地钻进书店里站着翻阅书架上的 *Orange Page* 杂志。

虽然当时我还不能完全读懂文字的内容，但这些杂志里充满着生活的智慧、诱人的美味料理和点心的照片、令人惊奇的快速去除油污的小技巧，以及以一日元为单位决胜负的节约术等。我对那些杂志就像哥哥对待自己最喜欢的电子游戏攻略书一般。我还会在自己感兴趣的页面边缘折上一个小三角，然后想象着"哪一天一定要试试这种小技巧"，并且每天都在家里投入这个"一人游戏"，反复试验着，忙得不亦乐乎。

当我读到"省钱专题"时，虽然也不懂电费的收费规定，但却会拔掉不用的电器插头，自称这是"节电游戏"；我还会在浴室和卫生间的水箱里放入塑料瓶，开展"一个人的节水比赛"。阅读"收纳专题"时，我就把牛奶盒的硬纸板做成抽屉里的隔板，或者在家具和家具之间用录像带的盒子连接，做成放物品的搁架。此外，小学时的课间时间，当同学们在玩躲避球游戏或跳绳的时候，我就会偷偷地跑进教室，飞快地把书架上放乱的书籍重新排列好，或是去检查走廊上打扫用具箱里的东西，思索"要是这里有个 S 形的挂钩，使用时就方便多了"。我当时就是这样一个喜欢多管收纳闲事的小学生。

但是，我那时有一个无法摆脱的烦恼，那就是无论我整理了什么地方，不久后它又会恢复原状。文具从牛奶盒硬纸板做成的隔板间满出来，录像带盒做成的搁架也因为塞满了信件终于不堪重负地散了架，无奈地掉落在地板上。**同样都是家务事，成效却大不相同，比如烹饪或者缝纫，只要肯做，随着操作次数增多就会越来越进步，唯独整理不一样，即便反复多次地作业，还是做不好，而且总是很快就回复到原先的杂乱状态。**

"那也没办法，因为整理后总会出现反弹现象。"

"即使做了一次性彻底的整理，还是会反弹。"

我无奈地这样自我安慰道。

我五岁时第一次关注到这个问题，此后每当杂志上刊载整理专题，我还是会不断地看到"即使一次性彻底整理后还是会变乱"的问题。所以我那时就认为"整理的反弹"是理所当然的。

如果真有神奇的时光机，我真想对当时的自己说一句话："**这种想法是大错特错的！**"因为只要你亲自去实践**正确的整理法，就绝对不会出现反弹的现象。**

现在，一说到反弹，许多人不是首先会想到"减肥后的反弹"吗？不知为什么，总有人会莫名其妙地认为"一次性彻底整理后的反弹"其实和减肥后的反弹是一样的。

这样的说法是错误的，我们绝不能被这种观点所迷惑。

只要稍微移动一下家具的位置，或是减少垃圾量，房间就会瞬间发生变化。这就是整理，它本身就是物理性的作业。

如果一口气整理完，房间就会一口气变得整齐。

这是十分简单明了的道理。

那么，为什么有人一口气整理完，还是会反弹呢？这是因为虽然整理者觉得已经一口气整理完毕了，但其实整理·整顿·收纳往往只做了一半而已。

因此，请务必记住：只要采用正确的方法进行整理，那么无论多么怕麻烦或是多么懒散的人都能长久地保持房间的整洁状态。

每天整理一点，一辈子都整理不完

"因为一口气整理完会再反弹，所以就让我养成每天整理一点的习惯吧。"

这种想法乍看之下很吸引人。大家都已经明白，前半句"一口气整理完会再反弹"是错的，而后半句"所以就让我养成每天整理一点的习惯吧"的提议看起来似乎值得相信。

你可千万不能被这句话蒙骗了。

如果养成了每天整理一点的习惯，那你无论到什么时候都不会整理好。

对很多人来说，要改变长年养成的生活习惯绝非易事。

对那些既想整理又整理不好的人来说，最好还是想清楚这一点，因为要想养成每天整理一点的习惯几乎是不可能的。

不改变人的意识，就不可能改变人的习惯。而"改变人的意识"绝非嘴上说的那么简单，要控制自己的意识是非常难的。

不过，只要我们采取正确的方法，就能让人关于整理的意识发生戏剧性的变化。

我真正对整理有所醒悟是在中学时期。那时候看了一本名叫《丢弃的艺术》的书，从此改变了我原有的想法。我是在放学回家的路上看的这本书，书中的内容让我受到了巨大的冲击。因为这本书重点阐述了"丢弃"的重要性，这是我以前看过的任何杂志上都没有刊载的内容。

当时因为在公交车上过度痴迷地看书，以致差一点就错过了下车的车站。我慌慌张张地回家后，立刻拿了垃圾袋走进自己的房间。几个小时后，当我从面积只有五张榻榻米大小的房间里走出来时，房间里已经装了八只垃圾袋的物品，从不再穿的衣服到小学时期的教科书、儿童时代的玩具，以及收集起来的橡皮和贴纸等。这些都是无用的物品，我早已经忘记了它们的存在。

我双手抱膝，呆坐在房间中央堆积如山的半透明垃圾袋旁边，将近一个小时都动弹不得，心想："为什么我会保留这么多无用的物品啊？"

最令我震撼的还在后面。当我搬走垃圾袋后，房间顿时为之一亮，虽然只经过几小时的整理，却呈现出非常罕见的变化。那些原先被物品占据的部位露出了我从未见过的地板，就像别人的房间一样。飘浮在房间里的空气也显得透明轻盈，连内心都变得澄净通透了。

我不由得感叹："整理比我想象的还要厉害呀！"

巨大的变化出现在我眼前，我的内心宛如受到雷击。从那一天起，我开始走上了钻研整理的人生，把过去视为新娘培育课而全情投入的烹饪、缝纫以及其他家政课等都打入冷宫，只求及格就好。

整理不会骗人。整理会直观地显现出它的效果，让人一目了然。所以我传授的整理法的宗旨就在于不是"培养每天整理一点的习惯"，而是"通过一次性整理，使意识发生戏剧性的变化"。我通过刚才讲述的亲身体验，接受了新观念的冲击，自己的意识发生了突然的变化，生活习惯也随之迅速改变。

其实，我的客户也不是一点一点地养成整理习惯的，**而是从进行一次性整理的那天开始，全都成了"会整理的人"。**

为了达到目的，我们必须进行一次性的整理。这是不会反弹的整理法的重点之一。

经过反复的整理，依然发生反弹现象，这不是房间里物品的问题，而是整理者自身想法的问题。只要他的观念不改变，即使有"要整理"的干劲，也不能持续保持下去，干劲的火焰必然会很快熄灭。究其原因，不就是没能看到整理的结果，没有体验到整理效果的实际感受吗？

因此，为了让整理获得成功，就需要通过正确的方法在短期内取得实质性的成效。

若能进行一次性正确的整理，就能立刻看到结果，而且能长久保持整理后的整洁状态，只要亲身体验过这个过程，我想任何人都会在心底里深切感到不能再让房间回复杂乱了。

"不追求完美"的大陷阱

"不必追求完美，慢慢地开始整理吧。"

"每天丢弃一个无用物品吧。"

为了缓解对整理信心不足的人的不安，这是多么动人的说法啊！

开始研究整理之后，我几乎阅读了所有日本出版的有关整理的书籍，看到了这几句话。那时，刚对整理有所感悟的冲劲已经稍微稳定下来，进入了效果不明显的停滞期。渐感疲惫的我，无意识地掉进了这个陷阱。

如果从一开始就以完美为目标，就会使心理负担过重，更何况本来就很难做到完美的整理。要是老老实实地按照书上写的那样，一天丢弃一个物品，一年就丢弃了三百六十五个。我自以为找到了很好的方法，立即开始采用书上写的"一天丢弃一个物品的方法"。

早上起来时，我一边看着衣柜，一边心想："今天丢弃什么呢？"突然脑袋里灵光一现，"啊，这件 T 恤穿不上了。"于是我顺手就把 T 恤扔进了垃圾袋。第二天晚上，我在睡觉之前，朝书桌的抽屉里看了看，又有了新的发现，"哦，这个练习本是我小时候用的。"于是我把练习本扔进了垃圾袋。与此同时，我又看到了别的目标，"那么说来，这本便条纸也不需要了。"我正要把旁边的便条纸扔进垃圾袋时，突然停了手。"啊，对了，就把它作为明天要扔的那个好了。"我整整等了一晚上，到第二天早上才终于把那本便条纸扔进垃圾袋。过了一天，我由于疏忽，早上和晚上都没想起"今天丢弃一个"的事，于是我在次日搜集了两个物品扔进了垃圾袋……

其实，这样的做法我连两个星期都无法坚持。我原本就不是做事认真的人，虽然下定决心，要一天丢弃一个物品，但像我这种性子急又不肯勤奋努力的人，要每天这样坚持实在太难了。我可是一个喜欢把暑假作业拖到最后一天才匆忙完成的人，现在每天只丢弃一个物品，可我购物时却会一口气买下一大堆。**因此，我购入的速度远远大于丢弃的速度，以致物品总在不断增加。**如此一来，物品总量根本无法减少，房间永远处于整理之中，我也终于失去了信心，把这个"一天丢弃一个物品"的原则忘得一干二净。

　　我可以很有自信地说，整理得不彻底，就永远无法整理好。**如果你不是个做事认真且能不懈努力的人，我建议你还是通过一次彻底的整理，达到完善整理的目标。**

　　一听到"完善"两个字，也许会有许多人面露难色，连称"这是做不到的"。其实无须担心，因为整理毕竟是物理性作业而已。

　　整理时该做的，大致只有两件事。一是确定物品的弃留，二是设定物品放置的位置。如果能做好这两项工作，那么无论是谁都能进行完善的整理。由于物品都能明确计数，所以如果一个一个地确定它的弃留，一个一个设定它放置的位置，那就必然会达到"顺利实现完善整理"的最终目标。

　　所以，"完善整理"不再成为一件难事，而是每个人都能轻易做到的。"完善整理"对于其后不再出现反弹现象也是绝对必要的。

从开始整理的那一刻起，人生就再次启动

　　你是否有过这样的经历：在考试的前夜，当你觉得复习不下去的时候，突然就产生了想去整理的念头？

　　你把堆积在书桌上的讲义干净利落地扔进了废纸篓，又认真地收拾好散落在地板上的课本。然后，不知为何你还在不停地整理，把书架上的书籍、文件重新分类排列整齐，最后甚至整理起抽屉里的文具……

　　你忙着整理这些东西，不知不觉就到了半夜两点。当你把书桌及周围的物品整理干净后，睡意也向你袭来……迷迷糊糊中你突然醒来，已是清晨五点，你这才真正着急起来，于是终于又开始认真地复习功课……

　　实不相瞒，这正是我自己的亲身经历，而且已经成了我考试前夜的习惯。

　　原以为这种考试前的"整理冲动"，只发生在对整理感兴趣的我身上，但没想到居然有很多人也这样说："啊，我也有这种情况。"

　　我这才明白这不过是一种正常现象。不仅考试前容易发生，**甚至有很多人在身处紧要关头时都会产生想整理的冲动。**

　　上述那种无意识地产生想要整理的冲动并不是我们真心想去整理，而是想通过整理来消除某种"心理障碍"。

　　其实，明知自己必须聚精会神地复习功课，心里却一时产生了烦躁情绪而无法排遣，看到眼前散乱的状态，就在心理上产生了"必须整理房间"的焦虑，取代了原先的焦虑。

　　最好的证据就是，这种考试前产生的想整理的冲动只是暂时的，很少能延续到考试后。特别是当顺利地结束考试回到家时，昨夜的热情早已烟消云散，有关整理的事更是忘得一干二净，又回到了原来正常的生活。这是因为非复习备考不可的问题已经解决了。

　　从表面上看，只有先整理完毕，才能投入复习的状态之中。**其实，只是整理好杂乱的房间，心理上的混乱状态并不会消失。把房间整理干净时，心情的确能够暂时变得舒畅，但这不过是个陷阱，心情烦乱的真正原因并没有**

消除。

　　每次进行物理上的整理时，我们并没有同时进行心理上的整理，只是被一时的心情舒畅所蒙骗。因此，我每次在考试的前夜整理房间，事实上浪费了大量的复习时间，所以考试的成绩总是很差。

　　在此不妨先思考一下整理之前的问题，即"房间处于杂乱的状态"。房间并不会自然就乱成一团，而是住在里面的自己把它弄乱的。俗话说："**房间之乱是心乱。**"所谓的杂乱状态，除了物理性的原因之外还存在着一个真正的问题，但我们往往被眼前杂乱的感觉所蒙骗。

　　所谓的弄乱这种行为，从本质来分析，出于人们想要逃避现实的防卫本能。

　　如果你觉得"太过整齐的房间总让人心神不定"，试着认真面对这种不安的感受，或许自己心底真正在意的问题就会浮现。

　　整理过后，房间处于整洁状态，自然会触及自己的心情和内心，**而之前极力逃避的问题，不管是否情愿，现在都必须着手解决。**

　　因此，从开始整理的那一刻起，你就被迫重新启动自己的人生了。

　　结果，人生因整理而开始发生很大的变化。

　　所以，请迅速地整理完毕，然后面对自己真正应该面对的问题。**整理不过是一种手段，整理本身不是目的。**真正重要的是整理过后要如何生活下去，不是吗？

越是擅长收纳的人，越容易堆东西

说起整理上的烦恼，人们首先想到的会是什么呢？

"我不懂收纳的方法。"

"我不知道什么物品放在什么地方好，能否有人告诉我？"

我能够理解他们这样的心情，但遗憾的是，他们连该烦恼的问题都弄错了。

在"收纳"这个词背后，潜藏着一种魔力。现在有关收纳的广告词满天飞："立刻整理干净的收纳秘技""便利的收纳商品特辑"……而且必然会搭配一些修饰词——"现在马上""一瞬间"等——来表示收纳的简单和轻松。我们人类又是最容易接受宣传的生物，当看到这种"便利"的收纳方法能够立刻解决眼前的杂乱现象时，无不受其蛊惑趋之若鹜。

　　我过去也是这种"收纳神话"的俘虏。从幼儿园起，只要看到自己爱读的主妇生活杂志上刊登收纳特辑，我就会马上去实践。我会把装物品的小纸箱剪开做成小抽屉，还会用自己的零花钱买来杂志上介绍的收纳产品亲自试用。初中时代，我更会在放学回家的路上顺道去东急手创馆①或杂货店，查看每件新产品。高中时代，我还会打电话到那些生产有趣的收纳产品的公司，缠住他们央求道："请告诉我开发这个产品的故事。"这让负责接电话的姐姐感到非常困扰。

　　我把自己的物品整齐有序地放进买来的收纳产品中，并且大赞："怎么会那么方便！"我为那些收纳产品的存在感到庆幸，并且曾经一个人在房间里为上天的恩赐而合掌感恩。

　　曾经如此狂热的我，现在的观念却有了根本性的变化，我甚至敢这样断言："收纳法根本不能解决整理的问题。因为收纳终究不过是一种治标不治本的解决方法。"

　　等我回过神来，才发现房间里到处都是收纳用具：放在地板上的杂志架、用来装书的彩色收纳箱，还有抽屉里

---

① 　日本一家专门售卖各种家庭用品的生活百货公司。

各种尺寸的隔板。尽管如此，我的房间还是不整齐。"为什么再怎么收纳还是整理不好呢？"当我绝望地重新审视那些被收纳的物品时，终于有了重大的发现。原来那些被收纳的物品几乎都是无用的东西。

换句话说，我所做的工作不是整理，而只不过是物品的填装作业罢了。在那些无用的物品上盖上盖子，只是不让人看见而已。

收纳法的弊端在于，当物品被装起来后，整理的问题看似得到了解决。可当收纳空间再度被塞满的时候房间又会变得杂乱无序，只得再次逃向更简便的收纳法……从而掉进了一个无法摆脱的恶性循环。

因此，整理首先要从丢弃无用物品开始。而且，直到"判断"的作业结束为止，都必须要有足够的自制力，警惕自己绝对不要着手去做收纳的工作。

不能按"场所"整理，要按"物品类别"整理

我从初中时代就开始研究整理，具体来说就是反复实践。自己的房间、哥哥的房间、妹妹的房间、客厅、卫生间……我几乎每天都对各个场所进行持续不断的整理。

"每月的五号是客厅日。"我一人独自宣布道，就像超市在告示打折日那样。"今天就整理餐具吧。""明天整理卫生间的搁架。"我的头脑里每天就这样转着"该整理哪里"的念头。

到了高中时代，我仍然继续保持着这样的习惯。从学校一回到家，连衣服都没换，就穿着校服冲进卫生间，打开墙上左右对开的壁橱，当即决定"今天就整理这个柜子！"，然后干脆把柜子里的物品全部取出来，再开始整理。首先把邮购化妆品附送的样品、肥皂、牙刷、剃须刀的备

用刀片等从塑料抽屉里拿出来，分类后放入盒中，再放回抽屉里。看着抽屉里井然有序的物品，我不禁陶醉了好一阵子。待充分享受完这份美感后，我又继续对旁边的一只抽屉里的物品进行整理。

直到天黑下来我听到母亲叫我："麻理惠，该吃晚饭了！"我都一直坐在卫生间的地板上，默默地整理着柜子里的各类物品。

我那时就是这样独特的高中女生。

某天放学回家后，我和平常一样，穿着校服就开始了我的整理作业。突然，我发现了一个问题。

"咦？我该不是在整理和昨天一样的抽屉吧？"

当时，我整理的是走廊收纳柜里用纸板做的抽屉，虽然是和昨天不同的场所，但是整理的物品还是邮购化妆品附送的样品、肥皂、牙刷和剃须刀刀片之类的东西。我这才明显地觉察到，自己正在把和昨天一样的东西，以同样的方式分类、收进盒子，再放回抽屉里。

我竟然长达三年都没发现这件事，连自己都觉得很丢脸。而这同时也说明**"按不同场所、不同房间进行整理"，是整理上的一个致命错误**。

"咦，是这样吗？"我仿佛听到有人这样说。

"按不同场所、不同房间进行整理"是很多人容易犯的错误。这种貌似正确的方法，到底错在哪里呢？

因为在整理之前，同一类的物品往往都分散在两个以上的收纳场所。在这种状况下，不做任何考虑就按"不同场所、不同房间"分别进行整理，就会出现和我先前相同的情况，不知不觉地持续重复着相同物品的整理，陷入了周而复始、不断反弹的地狱。

那么，怎样整理为好呢？我认为应该按照"物品的类别"进行整理，不是说"今天整理这个房间"，而是说"今天整理衣服""明天整理书籍"，按物品的类别进行整理。

很多人不会整理的最主要原因是物品太多了。而物品不断增加的最主要原因是没有掌握自己拥有物品的数量。而无法掌握现有物品数量的原因，就在于收纳场所的分散。若在这种状态下，依然在不同场所分别整理，那么，整理就永远无法结束。

所以，不能按"不同场所、不同房间"分别整理，必须按"物品的类别"进行整理。如果不想房间再次变乱，请务必牢牢记住这一要点。

按个性改变整理方法，毫无意义

"不会整理的原因因人而异，试着实践符合自己个性的整理方法吧。"

在整理类的书籍里经常能看到这样的说法，看似合理，而且具备让人信服的魔力。"啊，原来如此。我之所以整理不好，是因为这个方法和我怕麻烦的个性不合呀。"然后书中还会附有为不同性格的人量身定制整理法的图表，把人们的个性划分为：怕麻烦型、没时间型、不拘小节型、讲究型……人们就会对号入座，拼命尝试属于自己个性类型的整理方法。

我在刚开始整理工作的时候，也有一段时期热衷于研究按个性分类的整理方法。我还找了很多心理类书籍参考，在咨询阶段认真地询问对方的血型、父母的个性、生肖属相等，试图找到能说"这种个性就应该用这种整理法"的法则。这样的研究分析整整持续了五年时间。

最后，我终于发现根据人的不同个性改变整理法是没有意义的。因为几乎所有的人都对整理一怕麻烦，二没时间，并且既有恋恋不舍的物品又有一弃为快的东西。仔细想想，我也具备了上述的全部要素。

"那么，以什么标准来划分不会整理者的类型呢？"

不知是不是因为无时无刻不在整理，我养成了什么东西都想要分类的坏习惯。在我作为整理顾问开始工作时，心想无论如何也要根据客户的类型为他们提供不同内容的服务。

不过现在回想起来，当时会这么做，其实更主要是因为我多少抱着点狡猾的心态。我总觉得自己既然以整理专家的身份行走江湖，若能设法把客户分类，并随之稍微改变整理方法，或说出有点艰深的话，才会被人称赞："真不愧是专家呀！"

经过反复考虑，我终于归纳出了不会整理者的三种类型：一种是"不愿丢弃型"，另一种是"不能将物品放回原位型"，第三种是前两种类型的混合，即"不愿丢弃又不能将物品放回原位型"。我最后得出这样的结论：不应该用个性这种笼统的标准，而应该以实际发生的现象为标准加以划分。

但是，如果按照这样的标准划分，来我这儿的客户百分之九十是"不愿丢弃又不能将物品放回原位的人"。剩下的百分之十是"不能把物品放回原位的人"。我发现，所谓纯粹的"不愿丢弃的人"（不愿丢东西但能把物品放回原位的人）实际上是不存在的。因为只要不愿意丢弃物品，久而久之物品越来越多，根本无法把物品放回原位。至于那百分之十不能把物品放回原位的人，只要一开始整理就至少能清理出三十袋无用的物品，即便如此，还远不能显著减少房间内的杂乱物品。

总而言之，不管哪一种类型的人，整理都必须从"丢弃"开始。认识到这一点之后，我便自信满满地对任何类型的人传授相同的整理方法了。

大体上来说，每个人所拥有的物品和家具不相同，因此即使传授同样的方法，也会因客户的不同而有所区别，方法和课程的进度自然而然地也会发生变化，所以没有必要勉强提供不同的服务。

对于整理法无须过于挑剔地分类。整理中必要的作业只有"丢弃物品"和"设定收纳场所"两项，重要的也只有"先丢东西"这个顺序而已。

由于整理的原则不变，剩下的就取决于整理的人，也就是你想要达到怎样的整理水平。

整理是节庆，不必每日进行

"整理是节庆，不必每日进行。"

在整理讲座上，我突然提出这样的观点，让在场的客户们瞬间全都怔住了。

当然，关于整理的想法因人而异，产生各种不同的想法也并不奇怪，即使是对我这个一直从事整理法研究的人来说，也应该有许多我不知道的整理方法。因此我要特别声明，这只是针对我个人的方法而言。

整理要一次就结束。

正确地说，应该一次就把它做完。

如果你认为整理是一项几乎每天都要做的日常工作，那么请明白这可是天大的误会。

整理分两种，即"日常的整理"和"节庆的整理"。

所谓"日常的整理"，单纯是指"把使用过的物品放回原处"。那些衣服、书籍、文具之类的物品，是人们每天生活中要用到的，并要伴随人们的一生。对它们的整理应是日常整理的主要内容。

但是，我想通过这本书告诉各位的是：请尽早完成"节庆的整理"。

只有在结束了一生一次的"节庆的整理"之后，我们才能在整洁的房间里过上自己最喜欢的理想生活。而在堆满了杂乱物品的环境中，生活是否会让我们感到真正的幸福呢？真诚地希望各位扪心自问一下。

现在，多数人最急需的不就是这个"节庆的整理"吗？

然而非常遗憾的是，许多人在没有经过"节庆的整理"的情况下，长期居住在犹如物品仓库般的房间里，过着每天忙于"整理"的生活，尽管反复整理，还是整理不好，在这样的状态下，持续过着十年二十年索然无味的生活。

坦率地说，只要不完成"节庆的整理"，就绝对不能做好"日常的整理"。这么说一点也不夸张。

若能一次性地完成"节庆的整理"，那么只要通过"日常的整理"把使用过的物品放回原处就行了。这也意味着自己已经产生了所谓的整理意识。

为什么要说这种整理是节庆呢？因为我认为，从某种意义上来说，以高昂的情绪在短时间内完成是非常重要的。毕竟，人生不能天天都像在过节。

也许有人会担心：因为每天都要购物，所以即使完成了这种节庆的整理，久而久之房间里的物品还是会变多，以致又回复到原来的杂乱状态……

不过，在完成"节庆的整理"后，就要做到"使用过的物品放回原先设定的位置""为新增物品设定位置"，这样就能毫不费力地继续保持整理后的状态。抓住了这样的关键，一切难题就迎刃而解。

重点就是，必须亲自体验过一次彻底完善的整理。只要一次就好，请一件一件地判断，自己所拥有的物品是该丢弃还是留下，并且设定留下来的所有物品的位置。

"我最不擅长整理了。"

"我生来就是个不会整理的人。"

这些你长久以来深信不疑的负面自我印象，在面对着经过彻底整理而焕然一新的房间时，会一扫而空。自己的观念也会发生戏剧性的变化，充满自信的心态终于取代了以往毫无作为的沮丧情绪。"像我这样的人也能做好。只要肯干，就一定会成功！"然后，这也会给自己的行动带来很大的变化，甚至很快改变自己的生活方式。

若能戏剧性地体验一次彻底整理后的完美状态，就再

也不会回复到以前杂乱的状态。当然，连正在看这本书的你也一样。

所以，上过我课程的客户们都不会有整理后反弹的现象。也许你会觉得有点难度，但这没有关系。

我敢说整理绝不困难，是因为整理的对象都是物品。丢弃物品，移动物品，这是谁都能胜任的简单工作。

除此之外，**整理一定会有个终点。当你拥有的所有物品都有了固定的位置时，你就达到了整理的终点。**况且整理和我们平时的工作、学习以及体育运动都不同，它根本不需要与他人相比较，标准完全由自己来定。无论是谁，只要肯整理，就能体验到"最棒的自己"，至于大家认为最难的部分——如何保持下去，我也觉得真的不要那么担心，因为物品的位置只要设定一次就可以了。

也许你会觉得十分惊奇，我现在完全不整理自己的房间，因为我已经彻底整理过一次了。即使非整理不可，我也顶多一年整理一到两次，而且每次只花一个小时。

上中学时，尽管我每天整理还是整理不完，这样的日子真是不堪回首。而现在完全变了，我过上了令人难以置信的安稳幸福的生活。

在清新空气流通的安静空间里，泡上一杯热气腾腾的花茶，这是我回想一天工作的最惬意的时候。环视四周，只见墙上挂着从国外买来的自己最中意的画作，房间的一角摆着鲜艳可爱的盆花，虽然房间并不宽敞，但在四周都摆放着自己喜爱物品的房间里生活，我由衷地感到自己是多么幸福。

"我也想过那样的生活。"

难道你没有这样想过吗？

别担心，只要掌握了正确的整理方法，谁都能梦想成真。

Chapter **2**

只留下让你怦然心动的，其他统统"丢掉"！

一口气在短时间内"彻底"丢掉!

即使你进行了一次彻底的整理,但是不过三天又乱成一团,而且物品还在不断地增加。当你察觉时,房间又变回老样子了。**这种整理后反复出现的反弹绝非偶然,主要是因为你总是不断地使用错误的方法,永远都只整理到一半。**

要摆脱整理后又变乱所带来的"恶性循环",只有一个方法,那就是一口气进行一次性的高效率整理,并尽量在短期内达到完善整理的状态。

为什么说"一次性、短期内、完善整理"的方法,就可以培养出正确的整理意识呢?

当彻底整理完毕时,眼前的景象顿时焕然一新,产生了绝对戏剧性的变化,仿佛自己所居住的世界一瞬间就被彻底改变了。

于是，无论是谁，都会在感动之余下定决心："我绝不想再住在以前那样的房间里。"

在此最重要的是为了让人们感受足以瞬间改变意识的冲击，必须在短期内使外界发生极大的变化。如果长期处于渐进变化的状态，就绝不会有这样的效果。

为了让意识迅速变化，就需要采用最有效的方法来进行整理。如果行动缓慢，就只会让你身心俱疲："明明一大早就开始整理，但一转眼已经是傍晚了……""但房间还是一点变化都没有。"不久，自己也开始讨厌这样的整理作业，于是在整理的过程中就想半途而废，最终不得不长叹一声"不——干——了"，结果又回到原来杂乱状态的地狱里。

所谓的"短期"，以我个人授课的经验来说，最长是半年左右。也许你会觉得半年的时间很长，但如果以一生当中的半年来看，它绝对不算长。在这半年内亲身体验了完美的状态后，往后的人生就能不再为"我不会整理，我不行"之类的想法所困扰。

为了进行高效的整理，必须死守的一个重点就是：绝对不能搞错整理的顺序。

整理所必需的作业只有两项，一项是"丢弃物品"，另一项是"设定收纳场所"。其中,必须坚持"丢弃"作业为先的原则。而且各种作业必须区分清楚,只有完成了一项才能进行下一项。

在"丢弃"作业完成之前,绝不能考虑"收纳"作业。

许多人无法顺利地进行整理的原因就在于此。因为他们总是忍不住在"丢弃"作业的途中,转着"收纳"的各种念头:"这个放在什么地方好啊?""这个搁架上能放东西吗?"一边思考,一边丢东西的手就停下来了。最好在完成丢弃作业之后,再认真考虑有关收纳的问题。

整理的诀窍是"一次性、短期内、彻底整理",而且必须首先完成"丢弃"作业。这就是我的结论。

在丢东西前，先思考"理想的生活"

　　我们已经知道，在思考物品的收纳场所之前，先进行"丢弃"作业是多么重要。但如果在什么都不思考的情况下突然开始丢东西，就可能亲手把自己投入不断反弹的地狱里。

　　你最初想要整理的动机是什么呢？它应该是你阅读本书的主要原因。你是否想过，进行整理究竟是要达到什么效果呢？

　　这就要求我们思考整理的目的。所以在丢东西之前，请认真仔细地思考一下。这也可以说成是"思考理想的生活"。如果跳过这一步就开始整理，那么不仅整理的进程会变慢，反弹率也会很高。

　　"我想过心情舒畅的生活""无论如何我都要学会

整理",这样的说法太过简单,必须更深入地思考才行。
**最好能够具体地想象自己在"整理好的房间里生活的
样子"。**

我的客户S小姐(二十几岁)来找我咨询时,第一句
话就是:"近藤麻理惠老师,我很想过上'少女的生活'。"

我亲眼见过她的闺房,实际上就像是一个"垃圾屋"。
在七张榻榻米大小的房间里,除了尺寸大得足以媲美棉
被专用壁橱的大衣柜外,还有三个大小不一的搁架。收
纳空间很充分,但不管我的视线朝向哪个角度,闯进眼
帘的全是东西、东西、东西……首先,所有的收纳空间
都满到关不上门,五斗橱抽屉里的东西好像超大汉堡的
内馅一样,多到满出来。飘窗的窗帘杆上密密麻麻地挂
满了衣服,根本不需要再挂窗帘了。而且无论是地板还
是床上,都被装满日用品的篮子、塞满文件的纸袋给淹没。
S小姐从公司下班回到家后,要睡觉时就把床上的东西推
到地上,起床后再把东西放回床上,辟出一条路才能走
出房间。

她每天就过着这样的生活,的确与"少女的生活"相
去甚远。

"少女的生活……具体地说,该是怎样的生活呢?"
我故意这样问道。

S 小姐思索片刻后，这样回答：

"比如说，下班回到家后，在睡觉之前……

"地板上干干净净，视线范围内什么东西都没有，房间像旅店一样整洁……

"粉红色的床罩，配上复古情调的白色吊灯。

"洗完澡后，在房间里点上精油。

"放着钢琴或小提琴演奏的古典乐。

"喝花草茶，做瑜伽。

"在轻松舒服的心情下入眠。"

脑中有没有浮现出身临其境的影像？**幻想自己的"理想生活"到如此具体的程度，是非常重要的。**

如果感到自己很难清晰地联想到生活的场景，或是不知道自己想要过什么样的生活时，不妨试着在室内设计杂志里寻找有感觉的照片，或是去看看样板房。在看过各式各样的房子后，自然就会知道自己喜欢的风格。

顺道一提，S 小姐在课程结束后，真的一直持续着"洗完澡后点上精油、听古典乐曲、做瑜伽的生活"。**她从放满杂物不见地板的脏乱房间里平安地解脱出来，拥抱了她最向往的少女般的生活。**

不过，如果认为能够想象整理后的"理想生活"就可以马上进入下一步"丢东西"的阶段还是言之过早。虽然我理解各位跃跃欲试的心情，但是为了达到通过一次"节庆的整理"后绝不再反弹的目标，还是小心地循序渐进吧。

接着你应该考虑："为什么想过那样的生活？"

请回顾一下自己理想生活的具体场景，重新加以认真思考。

为什么睡前会想要点上精油？为什么想边听古典乐边做瑜伽呢？

也许你会这样回答："因为我想睡前放松一下……""因为我想练瑜伽减肥……"

那么，为什么睡前想放松一下呢？为什么想减肥呢？对于自己的回答至少要问三个"为什么"，可能的话要问五个"为什么"，以此不断地反复追问自己。

于是，你会这样回答："我不想把今天工作的疲劳带到明天……""我想减肥后自己变得更漂亮……"

如果像这样不断追究自己理想生活中的"为什么"，深入地追问下去，你会突然发觉最终的答案十分简单。

那就是无论丢弃物品还是拥有物品，都是为了让自己幸福。听起来是非常理所当然的事，但这是自己经过一番思考后才得出的结论，心里才有了石头落地的轻松感。记住，这一点尤为重要。

　为什么要进行整理？你必须在开始整理之前，去面对和思考自己理想的生活方式。然后，跟随自己找到的答案，终于可以进入决定物品弃留的阶段了。

碰触到的瞬间，是否感觉"怦然心动"？

你以前是以什么标准来确定弃留物品的？

即使是要丢的东西也分几种情况。例如，既有"已经完全坏掉了""需要组合使用的物品少了一个部件"等物品自身丧失使用功能的情况，也有时是因为"设计样式过时""用它的时机已经过去了"等。像那种丢弃理由明确的物品还算是简单的，**最难的是那些没有强烈丢弃愿望的物品**。正因如此，针对那些"总是不愿丢弃的物品"所产生的烦恼，坊间流传着许多用过渡计划来解决的方法，如"如果一整年都没用的物品就丢弃""制作一个暂时放置此类物品的箱子，每隔半年检查一次"等等。

但话说回来，请各位明白，当**"如何选择要丢的东西"变成主题时，其实就大幅偏离整理的焦点了**。如果在这样的状态下开始整理的话，真的太危险了。

　　我曾经真的是一架"丢弃机器"。自从十五岁时，我读了《丢弃的艺术》这本书，顿悟了"应该丢弃"的道理之后，我对整理的研究就逐步升级，对它的好奇心越发浓厚。无论是兄弟姐妹的房间，还是学校公用的更衣室，只要一发现新的场所，我就会一个人偷偷地前去整理。脑袋里全都是整理的事，而且还有一股莫名的自信——不管是什么样的场所，自己都能整理。

　　当时我最关心的是"怎样丢弃"的问题。两年没穿的衣服，丢掉！买了一个新的就要丢掉一个旧的。如果一时拿不准的也先丢掉再说。我读遍各种整理书，按照书上提过的所有标准不断地丢东西，有时一个月竟能丢掉三十个垃圾袋的物品。不过，**不管我再怎么丢，家里或房间还是没有变整齐**。不仅如此，出于心理的压力我还会一口气买好多东西。于是，房间里的物品依然没有丝毫减少。

　　在家的时候，我劳心费神地寻找着那些"讨厌的家伙"。"还有没有可以丢的东西？""还有没有多余的物品？"我心里不停地嘀咕着。一旦找到了那些似乎不用的物品，我就会大声叫道："怎么会放在这个地方呀？"接着我就像充满仇恨似的抓住这些东西狠狠地扔进垃圾袋里。**因为一直处于这样的状态，所以即使待在房间里我也感到很紧**

张，简直没有放松和喘息的机会。

某天放学回家后，我一如往常地想要开始整理，当打开自己房间的门时，我发现里面依然是一片杂乱的景象。就在这一瞬间，我只觉得头脑里"嗡"的一下，好像有什么地方突然"短路"了一样。

我终于无奈地说："我已经不想再整理了……"

在这三年间，我已经丢弃了许多无用的物品，可是房间里的状态依然使我感到难受。我沮丧地盘坐在房间的中央，双手抱在胸前，陷入了沉思。

"为什么我这样努力还是整理不好房间呢？谁能来教教我？"

其实，我并没有对谁说话，只是急不暇择地在心中这样绝望地叫道。

这时，我突然仿佛听到房间里响起了一个声音："**请再好好看看物品**！"

"物品？我不是每天都紧盯不放地看着吗？"

我脑袋里一片空白，恍恍惚惚地嘟囔着，就势躺在房间的地板上昏睡了过去。

如果当时的我能够再聪明一点，那么在因整理而致的神经衰弱引起昏迷之前就能发现：整理时只考虑"**丢弃**"是不行的，因为整理的本意不是选择"**要丢的东西**"，而是选择"要留下来的东西"。

"请再好好看看物品！"当我醒来时，终于清楚地明白了这句话的含义。以前我只把焦点放在"要丢的东西"上，光把矛头指向这些"障碍物"，而对那些真正值得重视的"留下来的东西"却未能予以足够的重视。

对于选择物品的标准，我由此得出了这样的结论。

"碰触时有'心动感'吗？"

把东西一个一个地拿在手里，留下令你心动的东西，丢掉不心动的东西。这是判断时既简单又正确的方法。

也许有人会这样摇头道："什么？采用这种模棱两可的标准？"

我估计许多人光看文字无法明白其中的道理。

重点是，必须碰触到物品。例如，当打开衣柜看着挂在里面的衣服时，不能信口就说："这些衣服都让人有心动感。"

"用手一件一件地接触"是非常重要的，因为接触时会感觉到自己身体的反应，而且这种反应明显地因不同的衣服而异。如果心存疑虑，不妨亲自试一试。

"接触那个物品时，会心动吗？"这个标准是有依据的。

话说回来，我们到底是为什么而整理呢？归根到底，无论房间还是物品，若不是"为了让自己变得幸福"而存在的话，就失去意义了。

因此，**在判断物品该留下还是丢掉时，当然应该以"拥有它是否幸福""拥有它是否觉得心动"作为标准。**

穿着不令自己心动的衣服能感到幸福吗？

买了大量的书回来堆着都不读，让一点都不令人心动的书籍围绕着，真的感到幸福吗？

同样，拥有明知自己绝不会戴在身上的首饰，幸福的瞬间真的会来临吗？

答案应该是"不！"。

请想象一下只被心动的东西所围绕的场景吧，这才是你想拥有的理想人生，不是吗？

因此，**只留下令你怦然心动的东西，其他的，则毫不犹豫地全部丢掉。**

于是，**从那一刻起，以前的人生将重新启动，全新的人生由此起航。**

把同类的物品集中起来，进行一次性判断

　　以"心动感"为标准来判断家中的每一个物品，是整理作业中最重要的步骤。那么，该如何以这个标准来切实减少物品呢？

　　首先，绝对要避免在不同的场所分别丢东西的做法。

　　我们经常容易产生这样的想法：**"完成卧室的整理再动手整理客厅吧。""对抽屉要自上而下地一个一个地检查。"** 这些想法都犯了致命的错误。因为按物品种类区分收纳的情况极为罕见，几乎所有家庭，都会把同类的物品收纳在两处以上。

　　我一直认为对每个场所分别整理弊害甚大。比如，即使确定了卧室衣柜内收纳的衣服，但在其他房间的收纳场所又会发现其中混杂着几套衣服，甚至在客厅也会看到挂

在椅子上的衣服。之后还会陆续看到衣服散落在各处的情况。于是，对衣服的判断和收纳都要重新来过。这样不仅浪费时间，而且还不能做出"留存"或"丢弃"的正确判断，以致自己很快就失去了再次整理的兴趣，所以无论如何不能使用这样的整理方法。

为此，**必须要按"物品的类别"进行思考，把同一类东西全都集中在一起**，然后做一次性判断。

比如整理衣服时，要把家里的衣服一次判断完毕。诀窍就是"把所有物品一件不落地全部从收纳场所拿出来，集中在一个地方"。

具体的操作顺序如下：

首先，决定"整理衣服"。接着，把放在家中各处的衣服**一件不漏地取出来，全部堆放在地板上**。然后一件一件地拿在手里，只留下心动的衣服。

接下来就按照这样的顺序，按类别判断所有物品吧！在衣服数量较多的情况下，可按上衣、裤子、袜子、内衣等类别，甚至还可做更细的分类，然后再逐一判断。**为什么说把物品集中在一处很重要呢？这是因为我们必须正确掌握自己现在到底拥有多少物品。**

"我有这么多物品吗？"许多人都会震惊于物品的实际数量超过自己的想象，而且数量往往达到想象的两倍以上。此外，如果把相同类别的物品集中在一处，特别是拥有几个相同样式的物品时，就能够及时进行比较，并很容易地做出"留存"还是"丢弃"的判断。

特意把物品从各个收纳场所取出来摊放在地板上，也有它的意义。东西放在抽屉里时，是**处于沉睡的状态**。而在这种状态下会难以判断这个物品是否让人心动。所以要把物品从收纳空间取出来，使其接触到新鲜空气，这样就能**"唤醒物品"**。在这样的状态下，自己心动的感觉才会变得异常清晰、明确，甚至到令人难以置信的地步。

把同类物品集中起来，进行一次性判断，这是以最短的时间进行整理的关键。所以，整理时请务必要将"同类物品"毫无遗漏地全部集中在一起。

从"纪念品"开始整理，必然失败

"今天是整理日！"

周末，你劲头十足地按照预定的设想开始整理，但结果却不尽如人意。当你回过神来的时候，天色已近黄昏而整理工作却远未结束。站在时钟前惊觉到这个事实，突然陷入一种自我嫌恶的心境中时，才发现手边的都是一些漫画、书籍、相册等充满回忆的物品。

我们已经知道，整理的诀窍就是按物品的类别进行整理。所以要把同类的物品集中起来，进行一次性的判断，这样才能顺利地丢弃物品。但是，从哪一类物品先开始整理大有讲究，因为不同类别物品的弃留难度迥然有别。

我常听到一些在整理过程中半途而废的人诉说自己失败的经历，从中他们很多人似乎都是从难度高的物品开始整理的。

首先，初次整理的人不应该从照片等纪念品着手。这类东西不仅数量很多，而且要选择留下或丢掉时非常费神。

严格来说，物品除了本身的价值外，还有"功能""信息""感情"三种价值，此外还要加上"稀少性"的要素。这些价值和要素决定了丢弃的难易度。也就是说，一个人之所以不能丢弃他拥有的物品，是因为这个物品还能使用（功能价值），还有用（信息价值），还有感觉（感情价值），若再加上很难买到又不能替代（稀少要素），就更加难以放手了。

在对不同类别的物品进行一次性的"留存"或"丢弃"判断时，最初要从难度低的物品开始。因为分阶段地逐步提升在整理上的判断力，有利于整理的顺利进行。

以衣服为例，一般来说它稀少性差，丢弃的难度也低，所以最适合一开始时整理。相反，照片、书信等有特别回忆的东西，除了感情上的价值外，稀少性又高，所以丢弃的难度很大，应该放在最后整理。特别是照片，由于在整理过程中往往会从意想不到的地方（如文件、书籍之类的空隙）零零落落地出现，所以应该留到最后再整理。

综上所述，"顺利地丢弃物品的基本顺序"应该是这样的：首先是衣服类，其次是书籍、文件、小件物品，最后才是纪念品。

我认为这个顺序不仅考虑了丢弃的难易度，而且也兼顾了收纳的难易度，是最好的顺序。

如果按照这个顺序进行整理，谁都能自然地磨炼出判断力，知道是否有心动的感觉。

只要变换一下丢弃物品的顺序，对物品弃留的判断就会变得非常快捷，难道你不想试一试吗？

别让家人看见丢弃的物品

进行一次性丢弃物品的作业时，装满丢弃物品的垃圾袋很可能就会在房间里堆积如山。这时有一件如同地震般严重的事需要提醒一下，那就是在这关键的时刻，**有一位名为母亲的充满爱心的废旧物品回收业者突然粉墨登场**。我在 M 小姐（二十多岁，单身）的家里就遇见过这样的情况。

M 小姐一家共有四口人。自从小学时代迁居以来，一家人在同一居所里共同生活了十五年。她原本就爱买衣服，再加上又把历年的制服、校庆的纪念 T 恤等年代久远的东西都装在箱子里，摆放在房间各处，房内的地板都被堆得看不见了。从这样的状态开始，她的"一次性整理"花了整整五个小时。

结果当天整理出了八袋衣服、两百本书，以及其他如玩具、小时候的手工等大量的无用物品，总共装了十五个垃圾袋。她把房间整理得很整洁，连榻榻米地板也清楚地显露出来。接着，她把装着丢弃物品的垃圾袋和纸箱集中堆放在房门的旁边。

当时我正好在她房间里，看到这种情况后忍不住对她吩咐道："M小姐，最后运出这些垃圾袋时有一个重要的秘诀。那就是绝对……"

话没说完，只听得咔嚓一声，房门打开了，一个声音传了进来："啊，收拾得真干净啊。"只见她母亲手里端着麦茶走了进来。我暗暗着急，心想："这下可糟了。"她母亲把茶杯放在房间中央的桌子上，对我客气地道谢："承蒙老师亲自上门教导我女儿，真是太感谢了！"说完后她回过头朝门口望去，一眼就看到了那堆袋子。

"你把那个也要扔掉？"她母亲指着放在垃圾袋上面的瑜伽垫问道。

M小姐回答："嗯，已经放了两年，现在几乎都不用了。"

"是吗？那就让我用吧。哦，这个也……"

她母亲说着便开始在垃圾袋里搜寻起来。结果，除了瑜伽垫之外，她还拿走了三条裙子、两件衬衫、两件外套和几样文具，然后心满意足地离开了房间。

在寂静的房间里，我喝着她母亲送来的麦茶，问道："你母亲练过几次瑜伽？"

M小姐吞吞吐吐地回答："她只是装腔作势而已，我从没见她练过瑜伽。"

其实，正如我开头所说的那样，"别让家人看见丢弃的物品"。整理出来的袋子也应该尽量由自己亲自运到垃圾场去。而且丢弃什么，丢弃多少都没必要告诉家人，特别是不要让父母看到。虽然不是做了什么坏事，原本也用不着偷偷摸摸，但是**如果让父母亲眼看到自己的孩子丢弃了这么多物品，会给他们带来特别大的压力。**

"这孩子丢掉这么多东西，不会有什么事吧？"

父母看到这种场景后往往会很不安。除此之外，当他们看到自己买给孩子的玩具或衣服被孩子这样处理时，虽然明知从孩子的自立和成长这一点来看，这是值得高兴的事，但还是会产生些许落寞的感觉。

不让家人看见丢弃的物品，是一种贴心，而更重要的是为了不增加家人的东西。再说，家人过去的生活中就不曾出现过这些物品，丢掉的话也理应不会给他们带来任何不便。但是**如果让家人看到自己丢弃的物品，就会使他们产生"这太可惜了"的罪恶感，以致会拿走部分丢弃的物品，造成他们自己拥有的物品不断增加，我认为这样做才是真**

正的罪恶。

上述是"母亲拿走女儿物品"的典型案例。现在这种情况屡见不鲜。但是，母亲从女儿处拿走的衣物几乎都不会再加以利用。

我在给五六十岁的客户们上整理课时也发现这样的事情：那些从女儿处拿来的衣服几乎最后都因为平时不穿而不得不全部丢弃。为女儿着想的母爱，结果却成为母亲自身的负担，因此还是尽量避免这种事情发生。

当然，自己不用的物品，若家人能够用上也是一件好事。**如果与家人同住，整理之前不妨问问家人："最近有什么打算购买的物品吗？"**如果在整理的过程中发现正好有他们需要的物品，也可把它作为礼物送给家人。

让家人也变得会整理的妙方

"尽管我不断整理，家里人还是在乱扔东西。"

"丈夫是个不愿丢弃物品的人，我该怎么说服他呢？"

想要追求理想的家居环境，但是一起居住的家人就是不会整理，这可真是一件令人烦恼的事。

关于这个问题，我自己也有过多次失败的经历。

我过去曾经对整理这件事走火入魔，不光是自己的房间，就连兄弟姐妹的房间和家人的公共空间，都得整理干净才肯善罢甘休，总是为"不会整理的家人"焦躁不已。其中最为恼火的就是那个位于家里正中央的更衣室，虽然是家人公用空间，但按照我的眼光来看，里面有半数以上是无用物品。挂衣杆上挂满了母亲从没穿过的衣服、父亲那些款式过时、没法再穿的成套西装，地板上还堆放着装有哥哥漫画书的纸箱。

有时我看准时机问："这个已经不用了吧？"

他们只是一味地回答说："不，不，这个要用的。"或者说："这个以后再扔吧。"

其实，无论到什么时候，他们都没有丢弃的打算。

因此，每当我看到更衣室时，总会怅然地叹息道：**"为什么我这样努力地要把家里整理干净，家人却还要在这里塞满那些无用的物品呢？"**

尽管如此，自认为已经成为"整理变态"的我，并没有轻易放弃。

在急躁情绪不断上升的时候，我最后不得不采取了"偷偷丢弃整理法"。首先，我以衣服款式、黏附灰尘的程度以及气味等为标准，判断出哪些衣服可能是长年不穿的，然后再把它们暂时移到更衣室最里面看不见的地方。如果家人并没有注意到这些衣服的去向，我就分别抽时间把它们一点一点地处理掉。这种方法大概持续了三个月，丢弃的物品总共超过了十个垃圾袋。

我做得很巧妙，几乎每次都安然无恙。这样平安无事地过了一段日子，不过在这些丢掉的衣服中还是有一两件被他们发现了。

面对家人的指责，我的反应是不露声色地装傻。

他们问我："那件短外套放到哪里去了？"我就假装糊涂地回答："哦，那我可不知道。"即使他们追问："是不是你把它扔掉了？"我也继续装聋作哑："我没扔！"如果对方很绝望地问道："啊，是吗？那你说会在哪里呢？"那就代表"这件衣服就是扔了也没关系"。可如果对方坚持："绝对应该在这里的，两个月前我还亲眼见过。"就比较糟糕。如果最终还是骗不了他们，我也绝不直接向他们道歉，而是将错就错地继续抗辩："反正是用不着的东西，放在这里就是不好！"

我擅自丢掉家人的物品，非但没有任何反省，反而还满不在乎地认为："你不愿意丢东西，我来为你代劳，你应该感谢我才对。"现在回想起来，当时的自己真的是非常傲慢、荒唐。

我这样蛮横的态度理所当然地受到了家人的强烈指责和抗议，以致最后给我下达了"禁止整理令"。

其实在我逼得家人发布这样的禁令之前，我已经在痛责自己过去的错误做法。毕竟，**擅自丢掉家人的物品，实在是不明智的。**

"偷偷丢弃整理法"确实在大多数情况下不易被人发觉。但是，考虑到一旦败露就会给家人间互相信赖的关系造成裂缝，那风险实在太大了。我终于认识到自己的错误行为。其实，**若要让家人也学会整理，还有更好的办法。**

实施了"禁止整理令"后，我除了自己的房间之外再没有其他可以整理的地方，无奈之际，只得重新审视自己的房间。这时，我竟然又发现了意外的情况。在我的衣柜里还留存着"好像一次都没穿过的衬衫"和"款式看起来已经不能再穿的旧裙子"。在书架上还有一些即便丢掉了也无所谓的书籍。没想到这次找到的无用物品比平时还要多。

总而言之，我抱怨家人的事，现在完全发生在自己身上。现在看来，我根本没有资格指责别人啊。

站在重新整理出来的垃圾袋前，我心中暗暗发誓："要暂时把精力专注在自己的整理工作上。"

自那以后过了两个星期，情况终于发生了变化。我的哥哥，过去再怎样唠叨他，他也总是强硬地拒绝丢弃物品，现在却开始整理书籍，而且一天就丢掉了两百多本。紧接着，父母和妹妹也开始一点一点地整理起来，他们重新检视自己的衣服和拥有的物品，适当予以丢弃。和以前相比，我们现在有了很大的进步，家里已经能够长久保持整洁的状态了。

其实，**这才是对付"不会整理的家人"最有效的办法。**换句话说，首先就是要默默地丢弃自己的物品，然后家人也会以此为榜样，随之开始整理作业，减少自己的物品。你甚至不用说"快来整理！""怎么那么乱啊！"就能收到实效。这也许有些不可思议，但事实就是如此。只要有人先开始整理，就会接二连三地引起连锁反应。

　　而且，当你默默整理自己的东西时，还会引起另一种有趣的变化——即便家里有一点杂乱，你也完全不会介意了。当我把自己的空间整理到满意时，就不会再像以前一样，想要擅自丢掉家人的物品。当客厅或浴室等公共空间有点乱时，我也不会像以前一样指责家人，而是很自然地就开始整理。这种情况不只发生在我一个人身上，也发生很多客户身上。

　　当你对不会整理的家人产生焦躁的情绪时，请仔细地检查一下自己的收纳空间，肯定能找到应该丢弃的物品。你想指责他人不会整理，正表明你自己在整理上存在着疏忽的现象。

　　丢弃时，应该从自己的物品开始。公用的空间稍晚行动也无妨。因此，让我们首先认真地关注自己的物品吧！

别把自己不要的物品送给家人

我有个比我小三岁的妹妹。

她不愿外出和许多人交流、活动，只喜欢自己悠闲地待在家里画画、看书。说起来，她是个害羞、内向的女孩。

她从小就是我整理研究的牺牲品，因此说她是最大的受害者也并不为过。

我在学生时代特别重视"丢弃"工作。尽管如此，我还是有舍不得处理的物品。比如，我有一件自己非常喜爱的衣服，虽然尺寸大小不合身，但我仍不死心地多次对着镜子试穿，结果还是不能如愿。由于这是父母特意买给我的衣服，所以就此丢弃实在于心不忍，最后还是留了下来。

那时候，我的绝招是采用把衣服作为礼物送给妹妹的整理法。虽说是礼物，但我也没有把它精心包装，只是拿着那套舍不得丢掉的衣服大模大样地走进妹妹的房间，一把夺过正躺在床上看书的妹妹手里的书，大声问道："哎，这件衣服你要不要？想要的话就送给你。"妹妹被我这么一问，突然间有些蒙了，不知所措地望着我。于是我干脆坐在榻榻米上，进一步威胁她赶快做出决断："这件衣服还很新，款式也好看，要是你不要的话，我就扔掉了，你觉得无所谓吗？"在我的威逼之下，为人随和的妹妹只好回答说："那就给我吧。"

我反复多次这样做，造成了严重的后果。尽管妹妹不常外出购物，但她的衣柜里还是塞满了衣服。她不得不时常穿着我送给她的衣服。但还有许多我送她的衣服从此再没见过了。

尽管如此，我还在继续把不穿的衣服作为礼物送给她。毕竟衣服本身也不差，再说衣服越多应该越开心才对……

我在开始担任整理顾问不久后，终于认识到这样的想法是完全错误的。那发生在我指导K小姐（二十多岁）整理衣服的时候。那时她在一家化妆品公司工作，并和家人一起生活。看到K小姐拼命地挑选衣服的样子，我总有些担心，因为当时规定她留下来的衣服只能装在一个一点点大的衣柜里。没想到她最后只留下很少的一点衣服。我好奇地问道："你对那么多衣服都没有心动感吗？"她淡淡地回答："没有心动感。"

"好吧，你完成任务了，谢谢你。"

听我这么一说，她终于露出了如释重负的表情，把留下来的衣服放入衣柜。我仔细地观察发现，她留下的衣服以休闲舒适的 T 恤为主，丢掉的则大多是紧身裙、深 V 领连身洋装等。

当我小心地问她这是什么原因的时候，她没好气地回答："这些全部都是姐姐给我的。"

K 小姐把所有的衣服挑选完毕后，轻轻地自语道："原来我一直被这些不喜欢的东西包围着啊。"

最后检查发现，K 小姐拥有的衣服中百分之三十以上都是姐姐给她的旧衣服。其中使她满意而留下来的不过寥寥几件而已。换句话说，其他几乎都因为是姐姐给的才穿，可她自己却并不喜欢。这是多么悲哀的事啊。

我想这种情况并不仅限于 K 小姐一个人。实际上，比起其他人，身为妹妹的人要丢弃的衣服数量一定是更多的。我认为这与她们从小就习惯接收比自己年长者的旧衣物有关。

我的这种想法基于两个理由。其一，显然由于这些衣服是家人送的，所以不能丢弃；其二，由于自己年龄小，喜欢的标准还不明确，所以就有很多凑合着穿的衣服。

而且有旧衣服可以接收，就不愁没有衣服穿，所以买衣服的机会变少，也很难培养出用自己的心动感来选择衣服的能力。

我觉得旧衣服再利用的习惯本身很有意义，节省了钱，而且自己没有充分使用的物品身边的人却能珍惜使用，也是一件很开心的事。但自己不愿意丢掉而轻易地送给家人的做法就值得商榷了。无论是送给母亲还是给妹妹都同样不可取。

相信我的妹妹也是如此。她虽然没有口出怨言，但一定怀着难以释然的心情接受我的赠予。**我所做的事情表面上看似乎充满善意，但实际上只不过是把自己丢弃物品的罪恶感硬塞给他人而已。**现在回想起来，连自己都觉得很过分。

当你想把自己不要的衣服给别人时，即使是无条件地赠送，也不要用"你不要的话我就扔了"的方式威胁对方，而应该先问对方想要的衣服款式，再给她看符合条件的衣服，或是附加一些条件，譬如说："如果这件衣服花钱你也想买的话，就请务必收下吧。"

把物品给予他人时，一定要有对方不想接受你多余物品的思想准备。

整理就是"通过物品与自己对话"

"麻理惠小姐，你想不想试一试瀑布修行？"

我有一位七十四岁的老年客户，曾经邀请我参加过一次所谓的瀑布修行。她虽然年逾七十，却仍然以经营者的身份活跃在自己的领域。她还经常去滑雪、登山，一有空暇就四处旅游，是位非常可爱的老奶奶。

她进行瀑布修行已有超过十年的时间。她常说："我要去淋一下水。"如今，对经验老到的她来说，瀑布修行简直就像去澡堂泡澡，是轻松享受的休闲娱乐。实际上她带我去的瀑布，绝非那种体验旅行，而是入门者才会去的地方。

某个星期六一早离开旅店之后，我们往山中没有路的地方前进，攀附着栅栏往上爬，又哗啦哗啦地蹚着齐膝深的河水，穿过没有桥的河流，最后到达了一个冷清无人的瀑潭边上。

为什么要突然说起瀑布修行呢？这并不是单纯地在聊休闲娱乐，而是我认为**瀑布修行和整理工作其实有着很大的共同点**。

在进行瀑布修行的时候，耳边只听到"突突突"的巨大水流声。虽然全身都受到激流的冲击，但疼痛感马上就会消失，渐渐地处于麻木的状态。少顷，身体会感到微微地发热，然后进入所谓的冥想状态。虽然是第一次体验，但是那时的感觉对我来说却似曾相识。为什么有这种错觉呢？因为洗瀑布浴和整理工作的感觉非常相似。

如果你在认真地整理，即使不能说进入了冥想状态，也会感到自己的心情非常平静。因为认真仔细的整理就是通过一个一个地接触自己的物品寻找心动的感觉，这恰恰就是通过物品与自己对话。

所以，在判断物品时必须尽量营造一个宁静安神的环境，最好没有包括音乐在内的一切声响。**也曾听说有一种"听着音乐，轻松地丢弃物品"的整理法，但我不提倡这样做。因为我觉得像这样自己和物品对话的机会是非常难得的，最好不要被音乐声干扰。**当然，开着电视就更容易打断思绪了。如果没有声音你就无法平静的话，可以选择没有歌词且旋律不强烈的背景音乐。

如果要增加丢弃物品的干劲，那么空气的感觉比音乐的节奏更有帮助。因此，从早晨开始整理作业的效果最佳。早晨的清新空气能让人思维清晰、身体灵活，判断力也更敏锐。我的课程几乎都从早晨开始，最早从早晨六点半就开始了，结果这时整理的速度也比平时快了一倍。

由于那次瀑布修行的舒畅感和整理后的感觉几乎一样，我内心时常蠢蠢欲动："真想再去啊！"不过，即使没有特意玩赏山水之乐，也能在家中得到瀑布修行的快感。由此看来，整理是一件多么美妙的事啊。

对丢不出手的物品说谢谢

"请根据接触物品那一瞬间的心动感来判断该物品的弃留。"

这句话听来好像很有道理，但一般人还是会说："**道理我都懂，但还是丢不下手啊！**"这也是人之常情。

但其实最令人困扰的问题就是如何处理那些"既没有心动感也不愿意丢弃"的物品。

我们判断物品的方法大致可分为两种，一种是凭直觉判断，另一种是通过思考判断。但若思考的方向错误，就会造成很大的问题。比如直觉上明明已经确认"这个物品不让我心动"，但脑袋里却在思考"也许总有能用到的时候……"或者是"现在是没用，但这样扔了实在可惜……"要是头脑中总是转着这样的念头，那就永远也无法把东西丢掉。

为了避免误会，我必须慎重声明：我并非认为丢弃物品时感到犹豫不决是坏事。会感到犹豫，就代表你对这件物品有一定的感情，任何人都不能只凭直觉就对所有物品的弃留做出决断。正因为如此，我希望不只是单纯地发出感叹："扔掉太可惜了，实在舍不得！"而更应该真实地面对这件物品带给你的思考。

"为什么我会拥有这个物品？它来到我的身边究竟意味着什么？"

请面对这件"不愿丢弃"的物品，重新思考它所具备的真正功能。

比如，在你的衣柜里，如果有一件买来后几乎没有穿过的衣服，不妨试着想一下："我为什么会买这件衣服呢？"

"当时在商店里看到这件衣服，觉得很好看，所以……"

若是在购买瞬间产生了心动感，那么这件衣服就对你发挥了一项功能——"购买瞬间的心动"。接着，你必须进一步思考："为什么这件衣服买来之后几乎没穿过呢？"

"因为穿了之后觉得不太适合我……"

那么如果因此不再去买同样的衣服，我们就看到了它的另一项重要功能——"让我明白这种衣服不适合自己"。

至此，可以说那件衣服已经充分地发挥了它的作用。所以，对它说一句："谢谢你！在我买下你的瞬间让我感到心动！谢谢你！告诉我自己不适合穿什么样的衣服！"然后再丢掉就可以了。

其实每样物品都有它的使命。并非所有衣服都是因为要被完全穿坏才来到你身边的。这就和人与人之间的缘分一样，和你相遇的人并不都会变成朋友或恋人，正因为有些人让你觉得"很难对付""我和他合不来"，你才会再次体会到"我还是比较喜欢这个人啊"，然后越来越觉得这个人很重要。

所以，对于那些"没有心动感也不愿丢弃"的物品，要一个一个地思考它们真正的功能。这样你就会发现有许多物品已经完成了它的使命，然后你就可以坦然地面对它们，对其表示谢意然后放手，这样才算整理好了我们与物品的关系。

经过这样的过程留下来的物品才是你应该珍惜的。

为了珍惜真正有价值的物品，必须首先丢弃已经完成了使命的物品。

所以，"大量地丢弃物品"并不是不爱惜物品的表现。反过来说，如果把这些物品藏在壁橱或大衣柜的深处，甚至忘记了它的存在，还算是珍惜吗？

如果物品也有心情和感觉的话，它们应该一点也不开心。

请尽快把那些物品从牢狱或者远离我们的孤岛中解救出来，怀着"谢谢你这些日子以来的陪伴"的感恩之心，痛快地解放它们吧！

我觉得在整理之后，人和物品都会同样感到舒畅吧！

Chapter 3

按"物品类别"整理，竟如此顺利！

人 生 が と き め く 片 づ け の 魔 法

一定要按"物品类别"的正确顺序整理

"你好！欢……欢迎你来！"

当房门开启时，出来相迎的客户往往带着紧张的表情。我初次去客户家拜访时，几乎所有的主人都会局促不安，当然，在我登门造访前彼此已经见过好几次，并不是初次见面，但想到接下来要展开浩大的整理计划，很多人就不禁紧张起来。

"我家连踏脚的地方都快没有了，真的能够整理好吗？"

"你说要进行一次性的、短期的完善整理，我可不行呀！"

"老师，你说反弹率是零，但我怎么整理过又回复原来的状态了呢？难道我是反弹一号吗？"

我清楚地知道客户的头脑里萦绕着各种焦躁不安的想法。但我要请大家放心，这些都绝对没有问题。不管你多么怕麻烦，就算你的祖上世代都不会整理，哪怕你忙得没有一点时间，也都能掌握这种正确的整理方法。

首先声明，**整理本身是件快乐的事。因为我们要重新面对自己过去无意识间拥有的物品，确认自己的感觉，对那些已经发挥完作用的物品在表达完谢意后予以丢弃。这个过程就像是面对自己的内心，对思想深处的旧意识进行认真的盘点和清理，让自己重获新生的仪式。**此外，由于我们选择的标准是"是否有心动感"，所以也不需要艰深的理论和烦琐的数字。

因此，请准备好大量的垃圾袋，安心地开始整理吧。

但是，有一点要时时牢记：必须按顺序进行整理。首先是衣服类，其次是书籍类、文件类、小件物品类，最后是纪念品类。如果按照这个顺序丢弃物品，就能异常顺利地进行整理。这样做不但能很容易地判断物品的弃留，而且物品的分类也很清楚，使整个整理过程变得非常轻松。

我们先从衣服类开始。若要更有效地提高整理的进度，最好先对衣服进行大致的分类再进行一次性的选择。按照大的划分，衣服可做如下分类：

上装（衬衫、毛衣等）

下装（裤子、裙子等）

外套（夹克、西装、大衣等）

袜子

内衣

包包

配件（围巾、腰带、帽子等）

季节性衣物（浴衣、游泳衣等）

鞋子

虽说是衣服，但包包和鞋子也可以归入其中。

为什么说这是正确的顺序呢？我只能说这是我把前半生都奉献给整理之后所总结的经验。如果按照这个顺序进行，就能加快整理的速度，而且整理时的心情也会越来越好；再加上判断后留下来的都是让自己心动的物品，所以即使身体有点疲惫，心里却充满力量，而且没过多久，还会因为感受到丢弃的快感而停不下来。

不过，要留下什么才是最重要的。想要什么样的物品伴随自己的未来人生，让自己感到怦然心动呢？请以从商店的货架上选购自己喜欢的物品那样的感觉，去选择那些让自己心动的物品。

　　如果掌握了这些基本要点，就请赶快把那些散落在各处的衣服集中起来，堆成一座"衣服山"吧！然后把它们一件一件地拿在手上，反问自己："有心动的感觉吗？"

　　"整理节庆"的序幕就此拉开。

衣服　先把家里所有的衣服都放在地上

　　首先，把你在家中所有收纳场所存放的衣服集中在一处。注意：把壁橱的抽屉、卧室的衣柜、床底下的收纳箱里的衣服一件不落地全部集中起来。

　　当你说"我已经把所有衣服都集中起来了"，我一定会问你："除了这些，家里果真再也没有你的衣服了吗？"接着我还会这么说："如果再找出什么衣服，我就当它不曾存在，要请你直接丢掉哦。"

　　也就是说，如果之后在别的什么地方再找到衣服，要看也不看地全部丢弃。每当我这么说，客户就会想起："对了，丈夫的壁橱里确实有我的衣服……""嗯，和室的墙壁上还挂着几件……"就这样，在最后时刻又增加了几件衣服。

　　每次我都非常严格地执行这种自动扣除式的截止制度，而客户也会因为害怕东西被无条件地丢弃而认真地回想是否还有漏网之鱼。这种遗漏的情况不多，而且在这时候还想不起来的物品通常都是些无关紧要的东西，所以我也绝不会手下留情。当然，正在洗的衣服不在此列。

　　把所有的衣服集中到一处后，光是上衣就在地板上堆成了一座过膝的小山。虽然统称为上衣，其实包括了从夏装到冬装——毛衣、T恤、吊带背心等，种类繁多。据统计，在整理最初阶段，人均上装数量会在一百六十件左右。大多数人面对着堆成小山般的上衣一时间都会感到茫然无措，不由得惊叹："我怎么会有这么多的衣服……"她们刚开始动手整理就会碰到这第一道障碍。面对那些张口结舌的客户，我总是说：**"我们先从非当季的衣服开始整理吧！"**

　　在值得纪念的整理节庆中，率先整理非当季的上衣自有它的理由。因为它是最容易纯粹让人感受到心动的物品。

　　如果是当季的衣服，你会一时很难辨别，不自觉地想："虽然没有心动感，但昨天还穿过。"或者说："丢掉还可以穿的衣服，很为难。"你这样想着，便无法冷静地感受到这件衣服究竟是否让你心动。而非当季的衣服在当下没有迫切的需要，因此，我们能纯粹以是否引起心动为标准来选择。这是它的优势所在。

　　为了确认是否对每一件过季衣物感到心动，我建议最好这样问自己："下一季还想再穿吗？"或者更加直接地问道："如果今天的气温突然变了，会想穿这件衣服吗？"如果你觉得"未必会穿"，就请丢弃这件衣服吧。当然，要是这件衣服在以前的当令季节里多次穿着的话，在丢弃之前请别忘了说上这么一句话："承蒙你长期为我服务，多谢了！"

　　也许有人会担心："以这样的标准取舍，那还会有能穿的衣服吗？"

　　其实不用担心。即使你觉得已经减少了相当多的衣服，但只要留下来的都是令你心动的衣服，一定会有足够的数量供你穿着。

　　通过选择非当季的衣服，你会渐渐掌握让自己心动的判断标准，接着就请采用同样的方法选择当季的衣服吧。

　　重点就是，必须把所有物品从收纳场所取出堆放在地板上，然后一件一件地拿在手中，触摸之后再做判断。

家居服　不要因为"扔了可惜"，就当家居服

　　"这是我特意去买的衣服，而且现在还能穿，白白扔了实在可惜。"你是否有过这样的想法？

　　常常有客户问我："这件衣服穿着外出不行，可以当作家居服吗？"如果这时我回答："嗯，当然可以。"那之前都顺利减少的衣服总量就不会再变化了，因为当作家居服的衣服日渐增多，最后堆积如山。

　　过去有一段时期，我也曾把不能穿着外出的衣服"降格"为家居服。

　　那些明显起了绒球的羊毛衫，款式过时的针织衫，还有不太合适的衬衫……我实在不忍丢掉它们，便将其改为家居服继续穿。这不知不觉地成了我的习惯。

　　不过，这种降格使用的家居服十有八九是不会穿的。

　　而且很多人也明白他们虽然留着这些降格的衣服，可是并不会穿的。

　　我曾问过他们这样做的理由。他们说："这些衣服不宽松，穿着不舒服"或者"这些衣服原先是会客穿的，在家里穿实在太可惜了"。更有人直截了当地说："不喜欢。"那这些就已经不能称作家居服了。这样做的结果，看来只是把丢掉没有心动感的衣服的动作延后而已。

　　我们不妨仔细想想，商店里有专门的家居服出售，所以**家居服和外出服必然有着本质的区别**。作为家居服，无论是材质或外形都要达到柔软宽松的要求。而能降格当作家居服的，大概也只有棉质 T 恤而已。

　　其实，把原先没有心动感的外出服装改作家居服的做法并不妥当。穿上它总感觉有些奇怪。况且，在家里的时间一样是生活，不管会不会被别人看到，时间的价值应该是一样的。

　　因此，从今天开始，赶紧停止把没有心动感的衣服改作家居服的习惯吧。我们的目标是**在理想的房间里过上理想的生活**。这时还要穿着没有心动感的家居服实在太可惜了。

　　家居服并不需要穿给别人欣赏，但你不觉得正因为如此，才更要换上最让自己心动的家居服来提升自我形象吗？睡衣也是一样。如果你是一名女性，请务必穿上漂亮的睡衣，尽情地做最可爱最有气质的打扮吧！

最糟糕的就是，在家里穿着一整套的运动服。有人甚至起居坐卧时都穿着同样的运动服。**如果整天都穿着运动服，自然就会变成一个适合运动服的人。**这句话听起来也许有点极端，但确实是这么回事。

如果是男性的话，家居服对自我形象的影响要比女性小得多，所以似乎没有必要像女性那样重视。

你是否注意到，在家里总穿着运动服的单身女性，房间里总放着仙人掌盆栽？我觉得女性生活的空间，还是用鲜花装点比较好……听说仙人掌是一种会散发出特别多负离子的植物。或许在家里穿着运动服的女性，是潜意识里寻求慰藉，所以才放仙人掌的吧？

如果换上漂亮舒适的家居服，即使不依赖仙人掌，也可以成为自己就能散发负离子的女性，这不是更让人快乐吗？

衣服的收纳　"折叠收纳法"，一举解决收纳空间的问题

一口气选择完衣服之后，留下来的衣服数量一般只有整理前的四分之一到三分之一。由于它们还都堆放在地板上，所以接下来必须妥善地收纳它们。

那么，收纳作业该如何入手呢？在进入正题之前，请先允许我闲聊几句吧。

在我倾听客户诉说整理的烦恼时，有一件事无论如何我都无法理解。

"衣柜都不够用，真烦人哪。"说这句话的是家庭主妇S夫人（五十多岁）。单从房屋的平面图来看，她自用的衣柜就有两个，而且空间差不多是普通衣柜的一倍半。无论怎么看，她的收纳空间都应该是绰绰有余的。此外，

听说除了衣柜她还购置了三个不锈钢的挂衣杆，上面全都挂满了衣服。

"到底有多少衣服我也不知道。或许至少有两千件吧？"

我诚惶诚恐地拜访她家时，终于恍然大悟了。

她家的一面墙壁放着巨大的衣柜。当打开柜门时，映入眼帘的是像洗衣房一般挂在衣架上的满满的衣服。那些大衣、裙子类自不必说，连 T 恤、毛衣、提包、内衣也都一长溜地挂在挂衣杆上。S 夫人见我哑口无言，不知为何却自得其乐地夸耀起衣柜里的衣架来。"瞧，这个衣架挂毛衣不会滑落哦。""这个是我在德国买的手工衣架。"她足足开设了五分钟的衣架讲座后，还用最灿烂的笑容对我说："把衣服挂在衣架上的好处真不少，既不会让衣服起皱又不会损伤衣服。"言下之意就是所有衣服都不能折叠。

一般来说，衣服的收纳法有两种，一种是使用衣架挂在挂衣杆上的"衣架收纳"，另一种是把衣服一件件折叠起来排放在衣柜抽屉等处的"折叠收纳法"。我也明白，这样一说，谁都会喜欢简便的"衣架收纳法"。但我在此却向各位极力推荐以折叠收纳为主的收纳方式。

"把衣服一件一件地折叠起来排放在抽屉里实在太麻

烦了！只要有可能，我真想把衣服全部都挂起来。"你要是这样想的话，说明你还不知道折叠收纳法真正的威力。

首先，从收纳能力来说，"衣架收纳法"完全不能和"折叠收纳法"相提并论，当然也因衣服的厚度而异，一般来说，**用衣架挂十件衣服的空间，可以收纳二十至四十件折叠的衣服**。S夫人的衣服数量比平均拥有量稍多一些，如果采用"折叠收纳法"，应该能毫无困难地把全部衣服都收进衣柜里。

衣服的收纳说难也不难，只要使用正确的折叠方法，所有的问题都能解决，这么说一点也不为过。

折叠的效果还不止于此。**其实，折叠衣服的真正价值在于通过自己的双手接触衣服，把能量注入衣服当中。**

在过去的年代，医疗水平远不如现在这样发达。据说一个人受伤了，只要用手掌捂住伤口就能促进伤口的愈合。这就是治疗（日语为"手当て"）这个词的由来。还有一种常见的说法是，牵手、摸头或者拥抱等亲子间的肌肤接触，能够让孩子的情绪安定下来。在按摩时，比起被机器嘎吱嘎吱地按压，被人用双手揉开紧绷的筋骨，定然更加舒服。也就是说，当双手所释放出的能量注入体内时，我们的身心都受到抚慰，得以恢复精神。

对衣服来说也是一样。当主人用心地整理衣服时，对衣服而言也是一种非常舒服的、被注入了能量的过程。因此，折得好的衣服，褶皱会被整平，质地也会显得更紧密和有光泽。经过细心折叠后收纳的衣服和随手放进衣柜抽屉里的衣服，穿在身上的感觉迥然有别。

折衣服并不单纯是为了收纳而将衣服折小的作业，而是对一直为自己服务的衣服表示抚慰和爱意的行为。

因此折叠衣服时，应该边折边心存感激地对它说："谢谢你总是守护着我。"

折叠洗好的衣服时，通过细心地接触，还能注意到衣服的一些细微变化："啊，这里开线了。"或者是："这件衣服快要寿终正寝了。"所以折叠衣服也是和衣服对话的过程。

尤其是日本人，对折叠衣服时产生的愉悦心情应该有更深切的体会。因为日本原本就是一个具有折叠文化传统的国家。请回想一下和服和浴衣吧，没有任何国家会像日本一样，一丝不苟地配合衣柜抽屉的大小，把和服或浴衣折得四四方方，严密无隙地放入抽屉内。

我深信日本人生来就具备了折叠的基因。

衣服的折法　完全刚好、最正确的折叠方法

　　洗衣服、晾衣服、收衣服还算好，叠衣服实在太麻烦了！况且反正都要穿，一件一件地折起来看似白费力气，于是干脆把衣服都堆放在一起。从中挖出要穿的衣服就成了每天的习惯。到最后，房间的一角就成了衣服的堆放场，逐渐侵蚀着你的生活空间。

　　像这样既怕麻烦又讨厌折衣服的人，一定不知道正确的折叠方法。

　　不过，请不必担心。上我课的学员中，从未有人一开始就能正确地折衣服。不仅如此，不少人还有着错误的想法和不良的生活习惯。有人宣告："我决定一辈子不折衣服。"有人打开衣柜时，塞满的衣服像凝固的果冻一般，还有人打开抽屉时，衣服是被拧成箱装的生面条那样的细

长条状的……

　　但是，当他们学完课程毕业时，所有人都由衷地感叹："折衣服真是件开心的事啊！"一位家庭主妇 A 女士（二十多岁）曾经非常讨厌折衣服，以致老家的母亲不得不特地来帮她折。但她毕业后，竟然能指导母亲使用正确的折叠法。可以说，她现在已经爱上了折衣服。

　　只要掌握了折衣服的方法，就能天天开心地使用，并且受益一生。我甚至觉得，如果人一生就在不知道如何折衣服的状态下过去了的话，实在是一件遗憾的事。

　　在学习折叠方法之前，首先想象一下衣服收纳后的画面。目标请定在一拉开抽屉，一眼就看到什么地方有什么的状态。

　　因此，我们收纳衣服时，要让衣服保持"竖着"的状态。就像排列书籍一样，能看到每本书的书脊。

　　"竖着"是收纳最基本的原则。

　　我偶尔会发现有人模仿商店里展示衣服那样，把衣服折得又大又薄，然后把它们叠在一起放进抽屉里。这样的做法其实有点可惜。因为它只适用于衣服作为商品被暂时放在店里陈列时，和衣服要长久使用的家用折叠法大不相同。他们认为"衣服折好几折就会变皱，应尽量减少折叠次数"。但果真这样做的话，最后只会事与愿违。

　　确实，竖着收纳时，衣服必须折得比较小，折叠的次数必然会增加。不过，衣服的褶皱其实并不是折叠过多所致，是衣服承受的压力造成的。

　　因此，衣服折得又薄又大，并且层层相叠，那么叠得越多，衣服承受的压力越大，折痕就会越深，结果就让褶皱感变得更明显。只要想象一下，就很容易理解，折一张纸时所产生的折痕，与把一百张纸叠在一起折时产生的折痕，哪一个较深呢？相信各位都非常清楚，一张纸承受的折叠压力大，于是很容易出现折痕，而一百张纸叠起来承受的折叠压力小，就难以出现明显的折痕。

　　如果能想象衣服在收纳箱内竖着放的画面，就请赶快依此操作吧。但要记住一个重点——折好后衣服应该是一个简单而光滑的长方形。

　　首先把前后衣身（袖子和领子以外的部分）稍微往内折（这时袖子的折叠方法可随意），以此形成一个纵向较长的长方形。其后再根据衣服的高度折四折或者六折。基本的做法就是这样。

　　在实际折叠的时候，有时无论怎么折都会很"松垮"。就是折成了四方形，也不知为何软绵绵的，没有刚性，即使想将其竖着放也会瞬间松开来。当出现这种状况时，就表明现用的折叠方法不适合这件衣服。

其实每件衣服都有其"黄金点"，让它在折好时正好能立起来。

所谓黄金点，就是对那件衣服而言最舒服、最合适的折法。黄金点会因衣服的材质和大小而有所差异，所以必须不断尝试改变折法，从中找出最适合的一种。寻找的方法并不特别困难，通常只要调整一下直立时的高度，就能轻而易举地找到黄金点。

诀窍就是，布料柔软轻薄的衣服，宽度和高度都要折得小一些，而布料松厚的衣服，则可以折得宽松一些。此外，折的时候，从布料较薄的角落着手会比较容易。

当折法准确无误时，所获得的快感实在难以言喻。看到衣服折叠后即使竖着放也不会倒塌的稳定感，再加上拿取时称手的舒适感，就好像听见了衣服在对你说："对了，对了，我就是希望被这样折叠！"这就是人和衣服之间心灵相通的历史瞬间。

看到客户的表情突然亮起来的那一刻，也是我上课时最喜欢的一个瞬间。

衣服的摆法　把心动的感觉带进衣橱的绝招

　　当你打开衣柜，看到里面整齐地排放着自己最喜欢的衣服时，一定会感到心情愉悦。但实际的情况却是，很多人经常抱怨："里面的衣服都是乱七八糟的，很难找。""每次打开衣柜时都不禁叹气。"仔细听这些人的描述，就会发现大概有两种原因。

　　一种是衣柜里悬挂的衣服太多了。我曾经在一个客户家里看到，衣柜里的挂衣杆上挂满了衣服，想要取一件衣服足足得花三分钟。左右根本动弹不得，必须吭哧吭哧地拼命往外拉，好不容易拉出来时，两边的衣服还被勾到，结果就像从电烤箱里蹦出的面包一样，猛地飞了出来。我相信这个衣柜已经好多年不用了。这虽然是个极端的例子，但许多人因为在衣柜里挂了太多的衣服，造成使用时极为不便也是不争的事实。因此我建议，能够折起来的衣服应该尽量折叠收纳。

当然，适合"悬挂收纳"的衣服也很多。一般而言，大衣、西装、夹克、裙子、连衣裙等都在此列。我选择悬挂衣服的标准是：挂起来时，衣服本身也会感到开心。例如那些清风吹来时会翩翩起舞、摇曳生姿的衣服，还有那些质料挺括一板一眼的衣服，我就会老老实实地把它们挂在衣架上。

另一个原因是悬挂方式错误，造成衣柜内的混乱状态。首先，根本中的根本是把同类的衣服挂在一起，并明确地将空间划分成夹克区、衬衫区等。我们都有这样的经验：和自己同类型的人在一起就会感到很安心。衣服也和人一样，如果把不同类的衣服分开收纳，衣服的安全感也会完全不同。只要做到这一点，就足以让衣柜内看起来清爽整齐，焕然一新了。

虽说如此，我还是时常听到有人这样倾诉自己的烦恼："我虽然把衣服按不同的类型分开悬挂，但不知不觉又回到了原来乱糟糟的状态。"

在此我给大家介绍一个小窍门，能够长久地保持整理后的完美状态。

那就是，把衣服按"往右上方"的排列方式来悬挂。

请试着在纸上画一个往右上方走的箭头，和一个往右下方走的箭头。用手指在空中画线也可以。

有什么感觉吗？相信各位会感觉到，当箭头往右上方走时，胸部附近有一种微微心动的感觉。因为往右上方的线条会让人觉得舒服。把这个原理应用在衣柜的收纳上，就能随时把这种"心动的感觉"带进衣柜里。

具体来说，就是在衣柜的左边放重的衣服，右边放轻的衣服。左边收纳长度较长、材质较厚、颜色较深的衣服，往右则为长度较短、材质较薄、颜色较浅的衣服。

如果按衣服的不同类别来说，则从左边开始依次为：大衣、连衣裙、夹克、裤子、裙子、衬衫等。这是最基本的排列方法。不过，由于每个类别的重要性会依个人打扮风格有所不同，所以请按自己的感觉，排列出整体上"往右上方"的平衡。然后，每个类别中，也要分别以往右上方的顺序来排列。

在对衣柜内悬挂的衣服这样重新排列后，你站在衣柜前，会切实地感到自己的内心不可思议地激动起来，甚至觉得身体的每一个细胞都处于兴奋的状态。

由于衣物会敏感地吸收主人的心情，所以你在无意识中感觉到的"往右上方走的心动感"会转移到那些衣服中。于是，即使把衣柜门关上，也似乎能感到轻松愉快的气氛弥漫在房间里。若能真正体验一次这样的心动感，就会深深地为之陶醉，按不同类别收纳衣服的方法也能长期坚持下去。

　　如果你觉得一味地拘泥于细节并不会发生什么改变，那绝对是你的损失。把这种心动魔法带进收纳的各个角落，也是维持整洁的诀窍之一。改变衣服的排列只需十分钟就能完成，如果你不相信，不妨亲自试验一次。当然，千万不可忘记的大前提是，衣柜里只留下让你心动的衣服。

袜子类的收纳　袜子和丝袜都不能团起来

　　不知各位有没有过这样的经验，就是自以为出于善意的行为，却在意想不到的地方伤害了别人。那时，你甚至一点都听不到受害者内心的痛苦呐喊，还一副若无其事的样子。在家中，这样的事情似乎最常发生在袜子的收纳上。

　　这是我在 S 夫人（五十多岁）家中看到的一幕情景。S 夫人已经当了三十年的家庭主妇，自以为很懂得整理之道。那天，我们先从整理衣服开始，一次性地完成了夏季衣服和冬季衣服以及内衣的整理作业。然后我说："衣服整理得很顺利，现在就按这个气势来整理袜子吧！"当她拉出桐木衣柜的抽屉时，我不由自主地发出"啊！"的一声惊叫。只见抽屉里的袜子像土豆一般"骨碌骨碌"地滚了出来。准确地说，那是扎得很紧的如圆球状的长筒丝袜。而其他袜子则全都从袜口翻过来卷成一团。穿着白色围裙的S夫人看到我瞠目结舌的窘态，不由得意地笑道："这样做就能立刻取出袜子，十分方便。"又说，"收纳时也只要把每双袜子团成圆球状就可以了，非常轻松。"S夫人的这种做法在我的客户中屡见不鲜。但每次看到时，我还是有一种快要昏倒的感觉。

在此，我要明确地重申：丝袜绝对不可以绑起来，其他袜子也绝对不可以把袜口翻过来卷成一团。

"请你好好看看吧。"我指着其中的一个"土豆"说道，"它们现在应该是休息的时候，但是现在完全无法休息，对吧？"

我的话确实击中了问题的要害。那些处于收纳状态的袜子正在休息之中。平时它们总是被主人反复地、高强度地使用着，承受着脚和鞋子之间的闷热和摩擦。尽管如此，它们还是尽职尽责地保护着主人的双脚。被收纳的时候，应该是它们难得的短暂休假。但是，它们真的得到休息了吗？它们被绑在一起，或是被翻过来卷成一团，一直处于拉伸状态，袜口的松紧带承受着压力，一直处于紧绷的状态。而且还被随意地丢在抽屉里，随着抽屉的每次开合，一会儿滚到这边，一会儿滚到那边，互相碰撞摩擦，根本无法安心地休息。如果有的袜球滚到了抽屉深处，主人甚至会忘了它的存在。其余的袜子也难逃厄运，一直被撑开的袜口变得又松又垮，大大地缩短了使用的寿命。当主人好不容易想起要穿这双袜子时，不得不抱怨一声："哎呀，袜口都松成这样了，不能再穿了。"

对袜子而言，还有比这更惨的遭遇吗？

丝袜的正确折法应该是这样的：首先，把绑在一起的袜子解开，左右脚重叠在一起，纵向的一半部位对折，然后再折成三等分的长度。

折叠的要点是：把脚尖部分向内折，腰际部分稍微多留一点凸出去。在这种状态下，再由下而上卷起。卷完后腰际的部分应该处于最外面。膝盖以下的半筒袜卷法也与此相同，裤袜等质地稍厚的材质则先按二等分折叠，之后就能很方便地卷起来。总之，最后只要达到如寿司卷的状态就可以了。

收纳时，要把丝袜直立放入抽屉，让旋涡状那一面朝上。如果抽屉是塑料材质的，不妨先把袜子放进纸盒，因为塑料的材质很滑，会使好不容易卷起来的部分慢慢松开。然后再把纸盒放进塑料抽屉里。在此我推荐使用空鞋盒，它的大小刚好适合装卷起来的丝袜。

如此一来，一眼就能看清自己所拥有的丝袜的数量，因为没有绑在一起，也不用担心造成丝袜的损伤、弄皱，穿在脚上也感到很舒适，一切都达到了完美的状态。那些丝袜也充满活力。

普通袜子的折法更简单。首先，把袜口外翻的部分恢复到原来状态，左右脚两只袜子重合在一起，然后按照和衣服相同的要领折起来就可以了。像运动袜之类的鞋内袜，就简单地对折；普通短袜可折三折；如果是长的运动袜，则可折成四折或六折。只要符合收纳抽屉的高度即可，一点也不难。折叠的基本原则就是确保"折好时变成简单的长方形"。

收纳袜子的方法和收纳衣服一样，要竖着排列。我们现在明白了这样做的许多优点，它只占据极少的收纳空间，这是"土豆收纳时代"难以想象的，而且，那些原先被团在一起的袜子也得到了解放，恢复元气的样子也一目了然。

顺便一提，当我看到穿着校服的学生时，就会不自觉地检查他们的袜子。一旦发现对方长袜的袜口有点松垮，就会不由自主地想对他说："袜子的正确折法是……"

换季　从此不用再换季的收纳法

　　在日本，六月就是一般人所说的换季季节。每当雨季临近的时候，就会自然而然地用到这句老话。这时我都会发出充满怀旧情愫的感叹："啊，原来还有这种习俗啊。"因为我从几年前开始，就不再进行换季的动作了。

　　换季原本是古时候从中国传来的习俗，在日本最早起源于平安时代的宫中仪式，自明治时代以来，已经作为穿制服人员的一项制度，规定从六月开始换夏装，十月开始换冬装。也就是说，按季换衣原本是学校和公司等组织的内部规定，普通人在家里并没有换季的义务。

　　尽管如此，曾有一段时期我总觉得必须按季替换衣服。因此，每年的六月和十月就会不断地调换衣柜的抽屉和抽屉里的衣物顺序。老实说，这样做非常麻烦。有时即使衣柜上面的箱子里有想穿的衣服，我也懒得去拿，最后只好妥协去穿别的衣服。要是不小心过了六月份，甚至七月份才终于想到要把夏天的衣服拿出来时，却发现最近新买了一件一样的衣服。而换季之后又突然变回上一季的天气的情况也时有发生。特别是近年来，有了齐全的冷暖空调设备，冷热的感觉逐渐变得模糊不清，冬天穿 T 恤也不再是件新鲜事。所以说，**换季的行为本身已经不符合时代潮流了**。

不如就趁此决定不再换季吧！换句话说，不管是当季的衣服还是过季的衣服都要整理成随时可以穿的状态，从此不再有任何按季节调换衣服的麻烦事。

我也建议我的客户们做不换季的收纳，都取得了很好的效果，因为现在他们随时都能够掌握自己拥有衣服的状态。其实并不需要特别复杂的收纳技术，只要在"不换季"的大前提下进行收纳就行。其中的诀窍是不要把衣服的类别分得过细。根据衣服的材质大致分为"偏棉质"和"偏羊毛"后，放入抽屉就好。那些按夏装、冬装、春秋装之类的季节性分类，或者按上班、休假等用途进行分类的做法，都容易变得模糊，应该尽量避免。

在收纳空间不那么充裕的情况下，**只需要考虑配件的换季就好**：夏季是游泳衣和帽子，冬季是围巾和手套等。

大衣虽然不是配件而是大件物品，但可以用同样的原则处理，把上面这些东西收在衣柜的最里面也没问题。

但即便如此，收纳空间还是不足，不得不把过季的衣服收起来时，就不妨在收纳方法上想点办法。通常，很多人会用带盖的收纳箱收纳过季的衣服，其实使用这种收纳箱十分不方便。因为盖子上面最容易在不知不觉间堆上许多物品，在取衣服时就会变得非常麻烦，一不留神就错过了季节。这种事很容易发生。

因此，如果现在要购买收纳用具，**我建议你购买那种能方便取出衣服的抽屉型收纳用具。**

总之，即使是不当季的衣服，也尽量不要深藏在衣柜里。那些深藏了半年才拿出来的衣服，看起来状态很差，精神萎靡不振。所以应该不时取出来让它们接触空气和阳光，还要经常欣赏和抚摸它们，并对它们打个招呼："下个季节拜托了。"我认为，像这样一有机会就与衣服沟通，衣服也会神采奕奕、延年益寿，人与衣服之间的心动关系也能更为持久。

书籍的整理方法 把所有的书摆在地上，一一触摸

衣服的部分整理完后，接着开始整理书籍。

在"无法丢弃的物品"排行榜上，书籍可以排名前三。

无论是喜欢读书的人还是不喜欢读书的人，他们往往都会说："只有书籍无论如何不能扔。"事实上，不能丢弃书籍的最大原因是搞错了丢的方式。

在外资咨询公司工作的 Y 小姐（三十多岁）是嗜书如命的人。除了热门的商业书，她还爱看小说、漫画等。她的房间真的全部被书所填满。光是高达天花板的大型书柜就有三个。除此之外，那些装不下而放在地板上的书籍也堆得齐腰高，这种摇摇欲坠的"书塔"足有二十个。在房间里行走时还必须扭动腰部尽量避开那些"书塔"，让人

有一种怪诞之感。

"请你立刻把书柜里的书一本不留地拿出来全部摆放在地板上。"我像往常那样吩咐道。

Y小姐听后睁大了眼睛问道:"是全部的书吗?那非常多呢!"

"这个我知道,请你全部取出来。"我毫不含糊地回答。

"我不是这个意思,只是……"Y小姐吞吞吐吐地继续说道,"我平时把书存放在书柜里,看着书脊上的书名选书,非常方便。"

确实,通常人们都把书籍收纳于一处,能看到各种书籍的书脊整齐地排列着,这样就能很方便地选择自己想读的书。而且每本书都有一定的重量,拿进拿出要消耗一定的体力,最后还要放回到同样的书柜里。这样的费时费力实在是太麻烦了……Y小姐也许就是这么想的。

不过,现在必须把书柜里的藏书全部取出来,因为把书放在书柜里就不能按照自己是否有心动感的标准来进行选择。

不仅是书籍,衣服和小件物品也是如此。**一直被收纳着、长期不动的物品实际上处于"休眠"状态**,甚至可以说完全没有存在感。就如潜伏在草丛里一动不动的螳螂,由于它的颜色和周围融为一体,让人发现不了(发现时还会吓一大跳）。如果你看到排放在书架上或者抽屉里的书籍，不妨扪心自问："会让我心动吗？"答案肯定是很难有心动感吧。

所以，在决定书籍的弃留时，应该先把书籍从收纳的场所取出来唤醒它们。即使是原先一直堆放在地板上的书籍，也要把它们稍微挪动一下地方，并特意重新堆放一次，这样就能很容易地做出选择。就像父母轻拍熟睡孩子的脸蛋唤醒他一样，通过物理性地移动书籍，让它们通风，接受刺激，使之恢复意识。

其实，我在整理现场常会做的一个动作是轻轻地拍击那些堆积的书籍的封面，或者对着书山像拜佛一般虔诚地双手合十……大家对此都会露出不可思议的表情，但是这样做之后选择书籍的速度和准确度会和先前完全两样，实在是让人吃惊。

有人说："我清楚地知道这是自己需要还是不需要的书。"言下之意是她还是要在书籍摆列在书架上的状态中进行选择。结果由于未能选出自己所需要的书籍，只得再次从头开始，这样她整整花费了两次整理的时间。

当书籍的数量太多，无法一次性堆放在地板上时，可以将书籍分类后再依次堆放。

书籍大体上可分为四大类：

一般书籍（通俗读物）

实用书籍（参考书、食谱等）

鉴赏类（照片集等）

杂志

　　按这样的分类，把堆放的书籍一本一本地拿在手里，判断该留下还是丢掉。判断的标准当然是"接触时是否有心动感"。只要接触一下就可以，绝不要去阅读书的内容。因为读了之后，你就会考虑是否需要，而非是否心动，这样判断就会变得迟钝。

　　请想象一下书架上摆放的都是让你心动的书的情景。光凭想象就让人陶醉不是吗？对爱书的人来说，应该会感到无比的幸福。

未读的书 觉得总有一天会读，"那一天"永远不会来

不愿意丢书的头号理由就是"也许我什么时候还会再读"。

那么，就请你数一数，自己重读过的书究竟有多少本？有人说只有五本，也有高手说有一百本。但是，会多到一百本以上的人，都是学者、作家等从事特别职业的人。在像我这样极其普通的芸芸众生中，几乎不存在这样的问题。

也就是说，会重复阅读的书籍，其实微乎其微。

在此，让我们试着做一件事，那就是"思考这本书真正肩负的任务"。

所谓的书籍，本质上就是一沓纸。在纸上印上文字，

再把印字的纸集中装订起来就成了书。让人通过阅读纸上的文字获取信息，这就是书籍的真正作用。书的意义在于书上写的内容，而"书架上有书"本身是毫无意义的。

换言之，我们读书的目的就是获取读书的经验。读过一次的书，就已经"经验了一次"，即使不能牢记书中的内容，它的知识也应该全部进入了你的内在。

所以，整理书籍的时候，请不必考虑会不会再读，是不是已经记住，只需要一本一本地拿在手上，感受它是否让你感到心动。只需要留下真正让你有心动感的书即可，因为光是看到它们摆在书架上都会觉得"有这本书在这儿真幸福！"

当然，我写的这本书也不例外，如果你拿在手里没有心动感，请不要犹豫，把它丢掉。

那么，那些看了一半的书，买来还没开始看的书，这种"总有一天会读"的未读书，如何处理为好呢？

最近，也许是通过互联网购书变得很方便的缘故，我发觉每个人所拥有的未读书籍的数量增加了不少，三本左右还算少的，多的或许高达四十本以上。以前买的书还没看，又买了新书，这些未读书的数量还在不断地增加。而且这些未读书比"读了一次的书"还要麻烦，因为大多数人绝不会丢弃这些书籍。

以前，我曾指导某公司的董事长整理办公室。真不愧是董事长，他办公室的书架上摆了一长排看起来颇为艰深的商务书籍，从卡内基、德鲁克到最新的畅销书，收藏完整丰富，俨然就是一个小型书店。但因为摆放得过于整齐，宛如专供陈列，我顿时产生了一种不祥的预感。

开始整理书的时候，那位董事长一边嘴里念念有词地说"这本没读过""这本也没读过"，一边把这些书堆放到专供摆放未读书籍的角落里。结束的时候一看，没有读过的书竟有五十本之多。书架上的书籍"阵容"几乎没有缩小。我问他不愿意丢书的理由，他说的就和我《整理假想问答集》中的基本答案如出一辙——"我觉得有一天会想读"。

包括我自己的经验在内，虽然有点不好意思，但我仍然必须断言：这个所谓的"有一天"是永远不会来临的。

无论是别人推荐的书，还是你自己一直想读的书，只要错过了阅读的机会，就不要指望再有时间去读了。也许在买书的时候确实想读，但最后这种书的作用就是告诉你，这本书没有阅读的必要。至于读了一半的书也没有必要全部读完，那本书所起的作用就是读到一半而已。

所以那些还没看的书应该全部丢掉。与其恋恋不舍那些多年束之高阁的未读书，倒不如干脆去看那些因为现在

想读而特意买来的书。

最常见的未读书就是那些英语学习书和考试用书。

拥有很多书的人，一定都是求知若渴、热爱学习的人。所以，在客户的书架上看到摆了一大排各种参考书和学习用书时，我不会感到特别惊讶。

大量的英语书中，有 TOEIC（国际交流英语考试）的参考书、用于出国旅行的英语会话书以及商务英语等。考试用书则是种类繁多，从簿记、建筑、秘书资格审定到芳香疗法和色彩等，使人不由得肃然起敬，也偶有感叹"竟然还有这种考试啊"的时候。除此之外，常见的还有学生时代的教科书、钢笔书法的习字帖等。

如果你的书架上也有这种发现率非常高的学习用书，并且觉得"总有一天会读"的话，那么我劝你现在就把这些书丢掉。

许多人实际上根本不使用自己拥有的学习用书。这类书的使用率很低，根据我对客户们的调查，在百分之十五以下。几乎所有人都不会充分利用自己购买的学习用书。尽管如此，他们仍然不愿意轻易丢弃，其理由也是各种各样："我想什么时候会去学习的。""我想只要有时间就立刻去学习。""我想尽快地掌握英语。""因为我是会计，所以我想学习簿记。"这些理由的前提统统是"我想"。

因此，请把那些只是想想而迟迟不见行动的学习用书决绝地一弃了之。

只有丢弃这类书后，才能明白自己对这项学习的热情。如果丢掉后心情也没有任何变化，那就说明自己丢弃的行为完全正确。如果丢弃后还想再次买书认真学习的话，那就重新买来好好学习就是了。

应该留存的书籍 把"进入殿堂"的书籍毫不犹豫地留在自己身边

现在我能够把身边的书保持在三十本左右，可过去我曾是个无论如何也不愿意丢书的人。

虽然我是那样喜欢书，但是按照是否有心动感的标准做出选择后，我书架上留下来的书减到了一百本左右。即使保持这样的数量，比起人均书籍拥有量应该也不算多。但是有一天，我突然觉得还要大幅减少，于是决定重新认真审视书架上留下来的书。

首先是那些绝不能丢弃、毫不犹豫就能断言"我好心动"的书。对我而言，《爱丽丝梦游仙境》当属第一。这是我从小学一年级开始就不曾变心的最爱，简直就是我的《圣经》。这类所谓"进入殿堂"级别的书很容易判断，当然是毫不犹豫地把它留在自己身边。

接下来是虽然没能达到"进入殿堂"的标准，但都足以让我产生心动感的书。这些书会随着年龄的增长而不断更换，但是此时此刻绝对会想把它们留在自己的身边。在整理上让我有所顿悟的《丢弃的艺术》对我来说就是这个级别的书，虽然我并没有把它留存到现在。这类书在还觉得心动的时候可以留下来。

麻烦的是那些心动感一般的书籍。读过一遍觉得内容是有趣的，拿在手中的心动感却很模糊。但书中又有很多词句在心里引起共鸣，可能还想再读一遍，于是不知不觉就没法丢。虽然没有非丢不可的义务，但想要钻研整理之道的我，对于这些心动感一般的书籍并没有置之不理，而是苦苦地思考着处理的对策："难道就没有毫无牵挂地放手丢弃这些书籍的办法吗？"

开始时，我使用的是"减小书籍体积的整理法"。简而言之，就是不留整本书，只保留一部分有价值的内容和一些金句。当时我自以为这个办法很好，认为这样做之后即使丢掉原书也应该没有问题。

说干就干，我把那些能引起共鸣的文章和词句记在一个本子上，并制作一个原创笔记。我觉得这样做很有意义，只要坚持下去，就能完成一本只属于自己的精选名言集，以后回顾时还可以摸索出自己的兴趣轨迹。心想这真是个好主意，我立刻兴奋地拿出自己喜欢的本子，开始制作起来。首先把书中要抄写的部分用线条画出来，然后再在本子上写上书名，抄写其中的内容。

可是，一开始就碰到了很大的问题。光是词句也就算了，抄写文章需要花费非常多的时间。而且考虑到以后还要反复阅读，必须工整地书写每个字才行。如果一本书里有十处自己喜欢的好文章，所花费的时间累积起来至少要三十分钟。想到要抄写的书有四十本左右，我不由得觉得头都晕了。

接着我又尝试复印的方法。把写着自己喜欢词句的页面复印下来，一瞬间就做好了名言的摘录工作。只要把复印纸贴在本子上，就大功告成了。可是实际操作时这样做也还是有点麻烦。

最后，我干脆把书页直接撕下来，但这次甚至连贴到本子上都嫌麻烦，于是索性简化到底，把撕下的页面往文件夹里一塞了事。这样做大大节省了时间。一本书的名言摘录工作花不了五分钟，四十本书的处理轻而易举就完成了，自己中意的名言页面都能妥善地保留下来，这样的结果让我非常满意。

不过，实行这种"减小书籍体积的整理法"整整两年后，我偶然发现了一个问题。那就是，从那以后我再也没有阅读过那些文件夹里的名言。当时所做的工作纯粹是一时的自我安慰而已。

最近我又有了新的感悟：**自己的身边不囤积过多的书籍反而会提高自己对信息的敏感度，也就是说，会更容易发现对自己有用的信息。**我从那些丢弃了大量书籍的客户那里也听到过类似的经验。

与书相遇的时机是非常重要的。相遇的瞬间正是阅读的"时刻"，为了不错过这个相遇的瞬间，最好不要在身边保留过多的书籍。

文件整理　"把文件全部丢弃"也没问题

　　书籍类的整理完成后就开始进行文件的整理。

　　什么是文件呢？比如，挂在墙上的口袋型收纳袋里塞得满满的邮寄品，冰箱上贴满的孩子学校寄来的通知书，电话机旁边放着的还没及时回复的同学会邀请函，还有摊放在桌子上好几天的报纸。家里总是不知不觉堆了很多文件，形成好多纸堆，风一吹就会如雪片般乱飞。

　　很多人认为家里的文件应该比办公室少得多，但其实不然。通过整理，从客户家里清理出来的纸，至少能装满两个四五升容量的垃圾袋，最多的高达十五个垃圾袋。家用碎纸机里不断地发出"咔——"的声音，我已听过不知多少次了。

　　要管理这么大数量的文件绝非易事。不过我偶尔还是会碰到非常善于管理文件的人，让我不禁肃然起敬。因为当我问"怎样管理文件"时，对方甚至能给出完美的说明："和小孩有关的文件放入这个文件夹，食谱放在那个文件夹，杂志的剪贴放在这里，电子产品的说明书放在这个盒子里……"

分类之详细，甚至让人听到一半就会走神。

坦率地说，我很讨厌文件的分类，也从不用很多的文件夹或是认真地写上标签进行分类。因为我觉得，如果是办公室里对多人共用的文件进行分类还可以，但平常在家里使用的文件根本没有规规矩矩分类的必要。

我现在的结论是：**处理文件的基本原则就是全部丢掉。**

也许有些人听了会惊得目瞪口呆。但**这世上真的没有比文件更麻烦的东西了，因为就算你小心翼翼地珍藏，也完全不会有一点心动感**，不是吗？

所以，凡是不符合"现在正在使用""近期还会需要""需要一直保管"这三项标准的文件，都应该毫不犹豫地全部丢掉。

这里所说的"文件"不包括过去收到的情书或者日记之类的物品。这些"纪念品"类的物品要到最后才进行整理。因为整理这些物品会明显减慢整理的速度。

　　所以，首先要集中精力整理那些完全没有心动感的文件，一气呵成。朋友或恋人寄来的信件则视为"纪念品"来处理，请先不要动手整理。

　　完成了那些无心动感文件的整理后，剩下的文件该怎么处理呢？

　　我的文件整理法非常简单，只把文件大体上分为"需要留存"和"待办"两类。文件整理的基本原则是全部丢弃，但若需要把文件留下来，则应分清是属于哪一类的文件。

　　首先说说待办的文件。顾名思义，这类文件是自己必须处理的文件。其中包括需要回复的信件、准备提交的报告、打算浏览的报纸等。因此，应专门开辟一个"待办专区"，把这些文件集中收在一处。

　　重点是，这个"待办专区"必须只有一处，绝对不可以分散。最好准备一个能竖着放置文件的长方形收纳箱，作为"待办专区"。这样就能把所有待办的文件不加区分地不断放置其中。

　　接着再谈谈需要留存的文件。这类文件根据使用频率可以分成高频率和低频率两类。这样的分类并不复杂。所谓使用频率低的文件大抵是和合同有关的文件。其他的则都可认为是使用频率高的文件。

　　合同类的文件纯粹是些诸如保单、保证书、租赁合同之类的文件。这类文件虽然没有心动感，但又必须妥善地保管好。由于几乎没有主动取出使用的机会，所以这类文件只要保管好就可放手不管。最好的方法是找一个普通的文件夹，无须思考，直接把那些文件全部集中在文件夹里就可以了。

最后是使用频率高的保存文件。这些虽然不是合同类文件，但仍需要妥善保存。比如，杂志的剪贴、研讨会的讲义，还有自己时常想看的文件。由于这些文件不像书本那样方便阅读，所以将其集中在书本状的文件夹中比较合适。其实对这类文件的处理最麻烦，虽说没有也没关系，但它还会不断增加。所以在进行文件整理时应考虑如何减少这类文件的数量。

总而言之，文件也可以分为"待办""留存（合同书）""留存（合同书以外）"三类。

注意各种文件必须集中在一只盒子或一个文件夹内，且无须特意根据内容进行分类。换言之，使用的盒子或文件夹最多不超过三个。

放置待办文件的盒子必须以"清空为前提"。如果这个待办文件的盒子里一直留有文件，就意味着你的人生中还有需要处理的工作。我们的目标就是让这种放置待办文件的盒子时常保持"清空"的状态。虽说如此，我自己家里放置待办文件的盒子也未能做到"时时清空"呢……

各种文件　　*麻烦的文件应这样整理*

文件的处理原则基本上是全部丢掉。

话虽如此，但谁都有难以割舍的文件。在此，让我们思考一下所谓的麻烦文件的处理法吧。

● 讲座资料

芳香疗法讲座、逻辑思考讲座、市场营销讲座，这些都是热心学习的人趋之若鹜的地方。最近盛行"朝活"，许多晨间讲座如雨后春笋般地开办起来，无论在时间上还是内容上，都有很大的余地可供选择。

老师为我们精心制作的学习讲义就如勋章一样，确实不能随意丢弃。不过，那些热心学习的人士的房间却被这些讲座的书籍和讲义占据了相当大的空间，所以进入这样的房间就会产生一种难以言喻的压迫感。

　　M小姐（三十多岁）是一家广告公司的职员，刚进入她房间时，会误以为进入了她的办公室。首先看到的是书桌上摆着一长排的文件夹，M小姐自豪地说道："这些全部是参加讲座时的讲义。"她是个公认的讲座发烧友，平时都用文件夹保管自己参加的所有讲座的资料。

　　我常听到这样的声音："什么时候想重新学习。"可是，真的会重新学习吗？没有，许多人都没有。

　　讲座资料也是家中最常见的一种文件。一般来说，拥有许多同类讲座资料的情况非常多。究其原因，就是你没有掌握好讲座的内容。

　　与其说这是坏事，毋宁说你并不会重新学习过去的讲座资料。坦白说，**如果不践行讲座中学到的内容，这种所谓的讲座就没有意义**。确实，刚接受讲座知识的瞬间是有价值的，但是从接受的瞬间到结束的瞬间你能否践行学到的内容才是关键。不妨扪心自问："为什么我要特意付出高额的学费去参加讲座学习呢？"按常理，讲座的内容只要看看书本就可以了。其实，你是为了感受讲座现场的学习气氛和老师的热情才特意前去听课的。也就是说，真正的讲座资料就是讲座本身，是鲜活的事物。因此，你应该抱着"讲座的资料尽可全部丢弃"的心态前去听课。**如果你把资料丢弃后又感到后悔了，不妨再参加一次相同的讲座，而且要把重点放在立即践行上。**话说回来，如果你身边一直拥有讲座资料，就代表你绝对没有去付诸实践。

最近听说有人拥有一百九十次讲座资料的事。若是这种情况，应立即把讲座资料"全部丢弃"。

● 信用卡消费明细

信用卡的消费明细表也应该全部丢掉。

信用卡明细表的原本目的究竟是什么？它对很多人来说，就是告知在这个月用了多少钱。使用者经过确认后，就把花掉的金额写在家庭收支簿上，然后应该立刻丢弃明细表。由于明细表已经完成了它的使命，所以丢弃了也绝无问题。再说，到底什么时候会因失去信用卡明细表而感到困扰呢？或许是信用卡自动扣款产生纠纷，法庭审理需要它作为证明材料的时候吧。但这种事基本上不可能发生。实在没有必要为了这种不可能发生的事，小心翼翼地保管这些信用卡的明细表。水电、煤气等公共费用的银行账户自动扣款通知单也一样，狠下心把这些文件丢掉吧。在我的客户中，最难以丢弃文件的是一对律师夫妇。"如果法庭需要这个文件该如何是好？"他们一直存有这样的担心，所以拥有的文件数量总是居高不下。不过现在连这对职业夫妇都最终舍弃了几乎所有的文件，所以请尽可放心地丢弃信用卡之类的消费明细吧。

●电子产品的保证书

电视机、数码相机等电子产品必定附有保证书。这是非常基本的家庭文件，所以大家都会把它们集中起来加以妥善保管。不过遗憾的是，大多数人的这种做法就是差了那么一点点。

最常见的做法是用文件夹来保管。因为文件夹可以依照电子产品的种类分类收纳，所以很受欢迎。实际上这是个陷阱。如果分类过细，有可能让人看漏或看错文件。

使用这类文件夹时，一般都会把产品使用说明书和保证书放在一起保管。但我不认为这样是正确的，而且觉得这些使用说明书都可以弃之不用。我们再重新审视一下就不难发现，这些东西几乎都不曾再次使用。基本上，需要详细阅读说明书的电子产品，如数码相机、电脑等，说明书都很厚，大多从一开始就没放入文件夹里。所以我敢断言，就是丢掉保管在文件夹里的使用说明书也绝无问题。

我也会请我的客户们丢掉使用说明书（包括数码相机、电脑的使用说明书），大家一致反映"完全没有问题，不会造成什么困扰"。即使电器发生了故障，只要自己动手，通过各种调试也能很快排除故障。如果一时难以奏效，直接去购买那个产品的商店询问或者通过互联网搜索解决办法，都还没有解决不了的问题。

现在再说回保证书，**我认为最好的保管方法就是把这些产品保证书不加分类地放入普通的文件夹里。**

保证书大多一年也用不上一次，甚至长年不用。这种使用率很低的文件有必要一份一份十分细心地分类保管吗？况且一旦需要，夹页也没贴上标签，还是得一页一页翻着找。所以不如全都放在一起，要找的时候全部拿出来找。两种方法所花费的精力和时间几乎一样。

另外，如果保证书分类过细，就会减少逐一过目的机会。而且不留意的话就容易累积一大堆已经过期的保证书。所以若不分类地集中在一个文件夹里，则需要某一份保证书时就会一份一份地查看，自然就会发现其中的某份保证书已经过了期限，就能自动地把所有的保证书都检查一遍。

这样的做法可以省去定期检查内容的麻烦，而且文件夹是家家必备的收纳物品，所以也不需要特意去买。另外使用空间也不到过去的十分之一。

● 贺年卡

贺年卡的任务就是向对方发出新年的问候："今年也请您多加关照了。"其实，当新年里收到贺年卡的瞬间，它的使命就已经完成了。所以在确认贺年卡的兑奖号码后可以说一声"谢谢您今年也想到我"，然后就可以毫无顾忌地丢掉了。若要利用它制作明年亲友的地址通讯簿，只需保存一年即可。除了依然让自己心动的贺年卡，其余的赶紧全部丢掉吧。

● 使用完的存折

使用完的存折就失去了用处，不必反复再看。即使反复地看存款也不会变多，没有特殊的例外还是立刻丢掉吧。

● 薪水明细

薪水明细的任务就是告知"这个月发了这些工资"。当你收到后在查核确认了其中内容的瞬间，它的作用就已结束。

小件物品　只留下"心动的"，而不是留下"可能会用到的"

　　拉开抽屉，发现里面放着一只奇怪的小盒子，这时你会产生强烈的好奇心，以为打开这只小盒子就会发现其中的小秘密，随即开始一段精彩的故事。如果是我，绝不会心有所动。因为我能大致猜出放在盒子里的物品。

　　打开小盒子，能看到的是：零钱、发夹、橡皮、衣服的备用纽扣、调整手表时用的小工具、不知是否用完的干电池、没用完的医院配发的处方药品、旧的护身符、钥匙圈等。当问起"为什么要放在这里"时，回答大多是："不知道为什么。"

　　是的，这类小件物品是"不知道为什么放在那儿，不知道为什么收起来，不知道为什么越积越多"的物品。仔细想想，所谓"小件物品"的意思也含糊不清。如果重新深究它的含义，从《大辞泉》词典中可以看到小件物品的定义："零碎的东西；小工具或附属品；无名小卒。"这样我们就明白了，连词典都不知道怎么对待它。

但是，现在差不多该和这种"不知道为什么"的生活方式告别了吧。因为这些小件物品支撑着你人生的一个重要部分，所以也应该逐一地拿在手里接触它们，然后再进行认真的整理。

这些小件物品看起来种类很多，非常复杂，但只要按顺序整理就会变得特别简单。我们先对其做出大致的分类，然后再按下面的顺序进行整理：

CD、DVD

保养品

化妆品

饰品类

贵重物品类（印章、存折、信用卡类）

机械类（数码相机、电源线等电器类物品）

生活用具（文具类、裁缝工具等）

生活用品（药品类、洗涤剂、面纸等消耗品）

厨房用品、食品

其他

除此之外，还有与个人兴趣相关的物品，例如滑雪用具和茶道用具等。如果你拥有这类物品的话，请将其另外归为一类一起整理。

为什么要按这个顺序整理呢？因为在家庭中，从比较个人且类别比较明确的物品开始整理，会比较容易。因此，当一个人单身生活时，不必太注意顺序，即使随意地选择某一类物品开始整理也没有问题。

尽管如此，我在此还想强调一点：现在很多人被太多不知道为什么拥有的小件物品所包围。他们整天在充斥着小件物品的环境中生活，这绝对不是件好事。所以请深刻认识到"不知道为什么拥有的物品"的负面性，然后，彻底地贯彻只留存"有心动感"的小件物品的整理方法。

零钱　赶快拯救四散的零钱吧！

　　手提包深处放着一日元的硬币，抽屉的深处放着十日元的硬币，书桌上放着一百日元的硬币。不知道为什么，零钱像这样放得到处都是。

　　客户们在整理自己的房间时，必然会时时发现这些零钱。它们恰似"莫名的小件物品"的代表，在玄关、厨房、客厅、卫生间、家具上面、抽屉里面，零钱几乎随处可见。

　　其实，零钱也一样是钱，怎么可以只看重纸币，却粗暴地对待零钱硬币呢？说来很奇怪，家里根本没有需要零钱的场合，却到处都会发现零钱的踪影。

　　我在家中看到零钱时是这样处理的：立刻塞入钱包，绝对不放入储钱罐里。实在没必要把零钱集中放在一处。**正确的做法是只要一发现零钱就立即塞入钱包备用。**如果把零钱放入储钱罐，无非是改变了一下零钱的放置场所而已。

特别是那些长年都居住在同一个房间里的人常会出现这样的问题：毫无目标地不断积存零钱，却从来没有把大量零钱拿到银行去换取等值的纸币。

有人不无得意地说："不知不觉地存了这么多钱，真开心！"

如果你是基于这种目的存下零钱，现在正是去银行换钱的好机会。

为什么这么说呢？因为如果等到储钱罐里都存满了，那零钱的分量就非常重，拿去银行换钱会非常麻烦。于是，也许为了省事，你开始把零钱直接放入塑料袋里。隔了很长时间后，当你再看到这些零钱时，发现零钱都发绿发黑地变了颜色，也不再发出铿锵悦耳的声音，反而散发出一股混合着铁质和锈蚀的怪味。最后你连看都不想看它们了。零钱那种作为钱币的尊严已经彻底崩塌。它的悲惨下场我甚至不愿描述，看到实物心里则更加难受。

从现在开始，请高喊"看到零钱，塞进钱包！"的口号，赶快拯救正在家中哭泣的"莫名的零钱"！

顺便说一下题外话，零钱的放置方法男女有别。男性往往把零钱直接放在口袋里，或者放在搁板和书桌上那些显眼的地方。而女性则喜欢把零钱放在小盒子或者储钱罐里、抽屉里。她们有一种把零钱深藏的倾向。

　　男性的本能是时刻应对外来的攻击，而女性的本能则是守护自己的家，这点从放置零钱的方法上就能充分地表现出来，这是 DNA 决定的，真是不可思议……

　　在深感生命神秘性的同时，今天也要继续施展我的整理魔法。

种种小件物品 莫名其妙的物品，全部退散！

暂且不讨论是否有心动感的问题，现在最让人头疼的问题是每个家庭都有大量的"一见就能丢弃的物品"。整理的时候，对丢弃原先难以割舍的物品当然要持慎重的态度，但是对于那些没有特别的理由，莫名拥有的物品是否也要同样地慎重对待呢？说起来也许难以置信，现在几乎所有人都意识不到自己拥有很多"莫名的小件物品"。

● 礼品类

放在厨房橱柜最上层的结婚回礼餐具，收在书桌抽屉里的别人作为旅行纪念品赠送的钥匙圈，还有自己生日时，同事送的生日礼物——一套散发出奇妙香味的组合香水。

这些物品都有一个共同点，就是它们都是礼品，并且是亲朋好友特意抽出时间、经过精心挑选才买来的饱含心意的礼品。

这些礼品当然不能简单地丢弃。

不过，请你再认真考虑一下。那些礼品大多不是深藏箱盒，就是从不开封使用，总而言之，必须坦率地承认，你对它们已经失去了兴趣。

礼品的真正作用是什么？

那就是"接受"。

礼品就其本质而言是表达心意的物品，所以你应该对礼品说："在接受的瞬间，你给予过我怦然心动的美好感觉，谢谢了！"接着就可以一弃了之。

当然，最好的做法应该是满怀喜悦地使用所接受的礼品。如果带着厌弃的情绪去使用自己不喜欢的礼品，或者原封不动地深藏起来，每次见到都感到痛苦，我相信这应该不是送礼者的本意。

所以，就是为了送礼者，也请务必将其丢弃。

● 购买手机时的包装盒

我总觉得手机包装盒的体积大得出奇，所以买了手机后应该立刻将其丢弃。

说明书也不需要。在使用过程中，我们一般都能掌握手机的必要功能，没有说明书也没有问题。至于随机附送的光盘，我也请客户们全部丢掉，从来没出过任何问题。如果发生故障，尽可去手机店询问店员。与其自己找来说明书苦苦思考，不如直接请教专业人士，在短时间内迅速解决问题。

● 用途不明的电线类

如果你见到时会疑惑地问道："这是什么的电线呀？"那这种电线恐怕你一辈子都用不到。莫名其妙的电线永远是个谜。也许你会担心："如果什么地方出现故障就会用到它吧？"但这种担心完全是多余的。因为我在许多人的家里，都见到这种相同、重复的电线。

这样多余的电线泛滥成灾。真的发生故障时，从中选择又非常麻烦，最后干脆去买新的电线，还能比较快地排除故障。

总之，应该只保留自己非常熟悉其性能的电线，坚决丢弃那些莫名其妙的电线。

相信里面一定混杂了许多早就坏掉不能用，连机器本身都不存在的电线。

● 衣服的备用纽扣

这种纽扣一般都不会用到。

如果你喜欢穿的衣服连纽扣都掉了，那么几乎在掉纽扣的同时就表明这件衣服已经寿终正寝。如果是准备长期穿且十分喜爱的夹克或者大衣，则应在刚买入的时候就把备用纽扣缝在衣服的内面。如果掉了纽扣又不愿使用备用纽扣，则不妨去大型手工艺商店重新买一套大致相同的纽扣全部更新。不过，我在现实生活中常看到有的人即使有备用纽扣也不用，纽扣掉了也不补上，听任自己穿着破相的衣服出门。他们还会说："反正要重新换一套纽扣的。"所以说把备用纽扣放着不用的情况比比皆是。这样和弃而不用也没什么区别吧。

● 电子产品的外包装箱

有人说："出售时有了外包装箱就能卖个比较好的价钱。"这种想法其实很吃亏。留下这样的外包装箱，必然会占据房间的宝贵空间，等于为它付房租。如果你考虑没有了这种外包装箱在搬家时会造成不便，那也不用担心。因为等真的要搬家时，再来考虑箱子的问题也可以。什么时候搬家自己也不知道，现在却让讨厌的庞然大物长期占据着空间，不是太可惜了吗？

● 损坏的电视机和收音机

我曾多次亲眼看到一些人不知为何把坏了的电子产品

放在一旁不做处理。当然，继续拥有这些物品的必要性为零。所以应该利用整理房间的机会立刻打电话和处理大型垃圾的专业公司联系，为损坏的电子产品办理相关的处置手续。

● "永远不会来的客人"用的被子

这是指褥子、被子、枕头、毛毯、床单之类的物品。

一套床上用品所占的体积远远超出人们的想象。如果知道定期有客人来而特意准备还情有可原，但如果一年也不知道客人来不来，来一次还是两次，就无须准备这样一套床上用品了。我在课程里一直提到这是众多应该丢弃的物品中最具代表性的物品。丢掉基本上不会有什么问题。真到了实际需要的时候，也有租赁被褥的地方，到时只要去临时租赁便可解决问题。

实际上，长期不使用的被褥等，往往会散发出一股霉味，这样的物品也不好拿来招待客人。下次不妨闻闻家里备用被褥的味道吧！

● 旅行用的化妆品试用装

你是否拥有各式各样放了一年都没用的化妆品试用装，而且这些试用装就是出去旅行也不想用？化妆品试用装的使用期限根据不同的生产厂家大不相同，有的可使用两周，也有的可使用一年。由于试用装的容量较小，和平时使用的化妆品相比，它的品质劣化要快得多。如果在难得的旅行中坚持使用劣质的化妆品，那实在太富有冒险精神了。

● 因赶流行而购买，但束之高阁的保健用品

减肥用的弹力带，优格菌种专用的玻璃瓶，可以打豆浆的果汁机，能体会骑马感觉的减肥器械……每家都有这样那样的保健用品。这些通过电视购物买来的物品，一则价格不菲，二则都尚未达到使用寿命，就此丢弃实在太可惜了。我能充分理解拥有者的痛苦心情，但希望他们想开一点，因为买下那些流行产品时产生的兴奋感是最重要的。因此，你尽可以对它们说："买下的瞬间你给了我心动感，谢谢！""你为我的健康做出了一点贡献，谢谢！"然后就请毫不犹豫地将它们丢弃吧。你要相信今天之所以能健康地生活，也承蒙当时买下的那些保健用品的帮助……

● 免费领取的新奇赠品

装在塑料瓶上的清洁刷头、印着补习班名字的圆珠笔、活动时得的扇子、买饮料时附送的吊饰、年终促销抽奖抽中的塑料杯组、印着啤酒生产厂家名称的玻璃杯、印有药名的便利贴、五张一盒的吸油纸、正月拜年时得到的挂历（还处于未开封的卷筒状）和记事本（过去了半年还未使用）。

这些物品不会产生心动感吧？都应毫不犹豫地丢弃。

纪念品 *千万别把老家作为纪念品的避难所*

完成了衣服、书籍、文件、小件物品的整理后，终于开始整理纪念品。

为什么要在最后整理纪念品呢？因为对纪念品的弃留判断是最困难的。纪念品，顾名思义，就是充满了纪念、回忆，是过去"曾经为之心动的物品"，如果把它们都丢弃了，岂不是把过去珍贵的回忆都忘记了吗？

不过，这样的担心毫无意义。那些珍贵的回忆，就是丢弃了纪念品也绝不会轻易忘记。进一步来说，那些忘记了也无所谓的回忆，干脆就真的忘记好了。集中精力思考今后的人生岂不更好？

我们都生活在"现在"。无论"过去"多么辉煌，人都不能生活在过去。我认为，当下的心动感才是最重要的。

因此，纪念品的弃留标准依然是通过用手接触后扪心自问："现在我心动吗？"

现在听听我一个学员的故事吧。

A夫人是两个孩子的母亲，今年三十岁，全家五口人一起生活。当她第二次上课后特意邀请我再次去她家查看。我发现她的家里明亮、整洁，和上次相比似乎减少了相当多的物品。我笑着说道："A夫人，你真努力啊。大概减少了三十袋的物品吧？"

"是的。"A夫人满面笑容地回答。

不过她接下来说的话让我大吃一惊，我几乎怀疑自己是否听错了。

"我把自己想保留的纪念品都送到老家去了。"

这种送去老家的整理法其实并不稀奇。我刚开始做整理顾问的时候，也曾经认为"老家地方宽敞的人可以把物品送到老家收纳，这是他们的特权"。当时我的客户以居住在东京的单身女性和比较年轻的妈妈为主。面对她们"可以送到老家去吗"的提问，我回答："如果要送的话，请现在马上送去。"

但是，随着来自地方城市的客户不断增多，客户的范围更加广泛，我进一步了解了他们老家的实际状态之后，终于深切地感到自己当时的言论实在太轻率了。

　　如果简单地认为老家是放置纪念品的便利场所就错了。即使农村的老家有宽敞的空间，也不是可以无限扩大的四次元口袋。

　　而且，你绝不会再去老家取回那些送去的纪念品。**一旦把纪念品送去老家，就再也不会第二次打开放有纪念品的纸箱。**

　　现在再说回刚才的 A 夫人。没过几天，她老家的母亲恰巧也来听我开设的课程。为了让她母亲顺利毕业，我当然不能忽视 A 夫人送纪念品去老家的问题，为此特地去 A 夫人的老家实地查看。在 A 夫人原先居住的房间里我看到了一个书柜和一个衣柜，还有两只纸箱，原封不动地摆在 A 夫人房间里。

　　A 夫人的母亲这样要求道："我想要一个能够放松的生活空间。"即使在 A 夫人出嫁之后，专属于母亲的空间也只有厨房而已。现在生活在老家的母亲没有属于自己的生活空间，反倒是女儿不再使用的物品占据着家里的空间，这种状态无论怎样想都是很不正常的。

　　于是，我不得不打电话通知 A 夫人："在你整理完送到老家去的纪念品之前，你和你的母亲都不能毕业。"

　　之后，在 A 夫人上完最后一课的那天，她松了口气说道："我现在可以放心地安排今后的生活了。"她自信满满的样子，看起来是终于把送到老家的纪念品都做了妥善的处理。

据说，A夫人去老家重新打开纸箱细细地检查了放在里面的东西，结果从中找到了当年热恋时的恋爱日记、和男友相依相偎的亲密照，还有数量巨大的信件和贺年卡……

A夫人不无感慨地说道："把不愿丢弃的纪念品送到老家去的做法只是自欺欺人。"

"我重新一件一件地审视那些纪念品，当时的甜蜜场景又生动地浮现在脑海里，我对那些纪念品深情地说：'那时你们让我如此心动，谢谢了！'当丢弃这些纪念品时，**我第一次感到自己有勇气正确面对过去了。**"

是的，那些纪念品应该用手接触后逐一丢弃。这样才能正确地面对过去。

如果把纪念品放置在五斗橱的抽屉里或者纸箱里不做处理，那么任何时候都可能引出过去的回忆。那些纪念品也许就会不知不觉地成为影响人们现在生活的"包袱"。

所谓整理，就是整理每一个"过去"。整理纪念品也就是重启自己的人生，也可以说是为了迈出人生下一步的"节庆整理的总清算"。

照片　　比起收藏回忆，不如爱惜现在的自己！

　　在为数众多的各种纪念品中有着必须最后整理的东西。

　　这就是照片。为什么一定要到最后才整理照片呢？当然有充分的理由。

　　如果按照我前面所说的顺序丢弃物品，我想会有很多人在整理过程中随处发现各种照片，比如，在书架上的书本之间、书桌的抽屉中、放着小件物品的盒子里都有零散的照片。即使是收存在照相簿里的照片，有时还会发现有单独一张照片放在信封里。至于那些朋友代为拍摄、冲洗的照片，有的竟然还原封不动地装在透明的相片袋里（几乎所有人都以这种方式来收纳照片），真是令人难以置信。

　　那些照片简直像潮水一般从各种地方不断涌现出来。

因此，在整理其他物品的过程中，暂且把不断出现的照片集中到一处，放在最后整理，这样才能极大地提高整理的效率。

把照片放在最后整理还有一个理由。

那就是，在尚未培养出"触摸后感觉心动与否"的判断力的阶段，一旦开始整理照片，就会停不下来，一发不可收拾。

不过，如果你经历过衣服—书籍—文件—小件物品—纪念品的"正确整理"顺序，就不必为此担心。因为你应该吃惊地发现自己已经正确地掌握了"根据心动感的判断法"。

真正意义上的整理照片的方法只有一个，而且它可能要花费一点时间。如果你有这样的心理准备，就可以采用这种方法。

这就是对处于零散状态的照片采取一张一张地查看的方法。

实施这种方法之前，必须把相册里的照片全部取出来重新判断。也许有人会说："这样做太麻烦了，我做不到。"说这种话只能说明他是个不懂得按照真正的意义来整理照片的人。某个瞬间拍的照片作为当时的人物场景留存下来，**应该一张一张地仔细察看。这样当即就能清楚地判断出这**

张照片是否令你有心动感。这样明快的判断力连自己都会感到吃惊。

当然，只要留存使自己有心动感的照片就可以了。如果采用这样的方法，大体上旅行一天所拍的照片只会留存五张左右。只要留下能象征那一天的最好的五张照片，那剩下的记忆也都会历历在目。

真正有价值的珍贵照片并不很多。那些旅途中拍摄的、现在连是什么地方都搞不清的风景照都应该全部丢弃，因为它们的"心动感"为零。

照片如果在拍下的瞬间让人感到开心，就表明这张照片是很有意义的。那些照片在打印出来的时候就已经完成了自己的使命。

我也接触过这样一类人。他们说"自己晚年时要慢慢欣赏这些照片"，所以就把大量未整理的照片放入纸箱里。我敢断言，他今后绝不会再看。

我这样说肯定是有根据的。我曾经多次亲眼看到，那些不整理照片的人死后留下放着散乱照片的纸箱。

我问一个客户："这箱子里放着什么？"

对方回答："照片。"

我又说："那最后要把照片整理好呀。"

对方回答："不，那是我逝世的祖父留下的。"

　　自我从事这项工作以来，类似这样的对话数不胜数。而每次我都有一种无力感。所以我认为，**决不能等到晚年再去整理过去的照片**。

　　如果认为欣赏过去的照片是晚年的乐趣，那就马上开始整理吧。与其到晚年再去搬动沉重的纸箱，不如现在早做准备，到时就能立刻欣赏当年的老照片、回顾自己难忘的过去了。

　　这些纸箱所占据的空间，若在当事人还健在时，是可以充分利用的，这样他们过去的每一天不知该会有多么丰富，每当我想到这里，都会觉得非常伤痛。

　　和照片一样，最不愿丢弃的是孩子们给予的纪念品，有孩子在父亲节那天送的礼物，上面写着"爸爸，谢谢您"；有贴在职员办公室墙上的儿子画的画；还有桌上放着的女儿送的自己手工制作的烟灰缸。如果这些纪念品至今还能让人心动，当然要将其好好留存。如果认为丢弃了会让孩子们不高兴，所以不得不留存的话，则不妨先听听已经长大成人的孩子们的意见。我想他们一定会这样回答："什么？您还保留着？赶快扔了吧！"

　　除此之外，你还得考虑一下自己小时候的通讯录和毕业证书是否还要留存的问题。

　　当我听说一位客户发现了自己四十年前的儿童水手服

时，心里不禁很感动，但这些物品也应该丢弃。

过去交往的人的信件也要全部丢弃。

信件最重要的作用就在于收到信的瞬间。原来寄信的人或许已经忘了他当时写了什么，甚至根本忘了自己寄过这封信。过去交往的人送的首饰如何处理也需斟酌。如果纯粹是首饰本身让你有心动感就可以留存，但如果因为忘不了送首饰的人而不愿丢弃首饰，那最好还是处理掉。不然，就会让遇见新恋情的难得机会白白地溜掉。

最重要的不是对过去的回忆，而是经历了过去的体验而生活在今天的自己。**通过对一件一件纪念品的审视和真诚面对，我们懂得了这个道理。**

我相信，空间的使用不该是为了过去的自己，而是为了将来的自己。

现场直击！令人难以置信的"大量存货"

在客户家观察他们整理作业时，会遭遇的惊吓有两种，一种是物品本身，另一种是物品的数量。

我每次都对存在的物品感到吃惊。比如，歌手使用的制作音乐的器材，喜欢烹饪的人拥有的最新厨具。吃惊之余，我常会发出这样的感叹："原来有这种东西啊！"这才是真正一连串"与未知的相遇"。由于客户的兴趣和职业不同，所以我见到那些以前没见过的新奇物品，从某种意义上来说也是很正常的事。

真正让我感到吃惊的并不在此，而在于我发现普通的家庭里都理所当然地存有数量多得惊人的物品，即每家都有大量的存货。

我工作的时候，会粗略地记录客户家中大体上有多少物品和已经减少了多少物品。记录中还有"不同物品存量的排行榜"。记录每次都会刷新，是最受瞩目的排行榜。

比如，一个客户家里发现了大量的牙刷，创下了新的纪录。我那以前的最高纪录是三十五支。当时，我咯咯地笑道："囤的牙刷也太多了！"那一刻我又拿出记录本，涂改了之前的记录，清晰地写上：牙刷六十支。

在客户家卫生间的下方有一只专供收纳牙刷的小箱子。箱子里整齐地码放着众多牙刷，从某种意义上来讲，似乎带有艺术造型的意味。我面对着这些堂堂码放的牙刷，一时产生了错愕的感觉：难道瞬间要消耗这么多牙刷吗？难道每一颗不同的牙齿都要专备一把牙刷来刷吗？我竟如此严肃地为他推测合理的原因——这就是人有趣的地方。

此外，我还发现厨房用的品牌保鲜膜共有三十卷的存量。

打开水槽上方的储物柜的小门，只见里面是一片柠檬般的黄色。那位客户振振有词地说："保鲜膜每天都要用，而且消耗量很大。"我按此推算，即使每周消耗一卷保鲜膜，也够用半年以上。普通规格的保鲜膜每卷总长二十米，为了在一周内消耗一卷保鲜膜，如果包覆直径二十厘米的大盘子，加上一定的余量可包覆六十六次。只要想一下六十六次的包覆作业，我就会不寒而栗，似乎手腕立刻得了腱鞘炎。

接着，我又看到了八十卷卫生纸的存量。客户解释道："我的肠胃不好，很容易腹泻。"我暗忖：就算一天用一卷卫生纸，也能用将近三个月。就算一整天都在擦屁股，仍旧令人怀疑能否在三个月内用完。光是想到每天要拼了命地比赛，看是屁股先磨破还是卫生纸先用完，就让人觉得：与其对他传授整理技术，不如送他一支护臀软膏。

最惊人的还在后头，棉棒存量记录竟然达到了两万根。两百根一盒的棉棒共有一百盒。如果每天用一根，全部用完要花五十五年。相信等到这位客户把所有棉棒用完时，或许已经养成非常惊人的掏耳朵技巧了吧！遥想用完最后一支的那天，圆滚滚的棉球想必会如同僧侣的光头一样，散发庄严圣洁的光辉。

虽然听起来像是在开玩笑，但这些全部都是事实。几乎所有人都在整理时才第一次发现自己竟然拥有这么多的存货，真是不可思议。尽管如此，他们还总是觉得"数量不够""如果存货用完了该如何是好"。

我认为所谓库存，并不是"如果拥有这么多就可以安心"的量。事实正好相反，有的人存货越积越多，还整天担心着不时之需。当物品存量还剩下两个时，他一定要再买来五个补充。这样的事早已屡见不鲜了。

姑且不论商店的情况，家庭中实在不必忧虑存货用完。就算物品用完，顶多只是叫嚷："啊呀，这该怎么办呀！"绝对不会造成什么无法挽回的遗憾。

于是，整理出了大量的存货。至于如何处理它们，似乎也只能继续使用下去。但事实上由于存货过多，有的物品因为变质而不得不一弃了之。因此，**我建议采用把过剩的物品让给他人使用、捐赠或者卖给二手店等放手处理的方法。**

也许有人会反驳道："这是我特意买来的物品，这样处理太可惜了。"

这话确有一定的道理。但必须好好地想一想，**只有通过这样的处理，才能让自己无物一身轻。只有把物品存量减少到最低限度，自己的生活才会发生巨大变化。**这是迅速达到整理目标的最短捷径。

一旦体验了这种没有多余存货的生活，就会产生一种**前所未有的解放感，而且很快就会喜欢上这样轻松的生活，以后再也不会囤积存货**，而是开始思考即使暂时断货，不去购买也照样能生活，尝试用其他的物品替代或者干脆省略不用这种物品。我常听到不少客户高兴地说道："通过各种努力，没有了存货，生活更快乐了。"

重要的是，首先要掌握现在拥有的物品的存量，然后将其控制在最低限度。

不断减少物品，直到"适量的感悟点"来临

按照"正确的顺序"对"不同的物品"进行整理，只留存"有心动感的物品"。

按照"一次性的""短期内的""完善的"要求完成整理。

接着，你能想象会出现怎样的情况吗？

拥有的物品大量减少。

体会到前所未有的"爽快感"，并对自己今后的人生充满自信。

不过，你知道自己拥有物品的适宜数量吗？

也许几乎所有人都不知道。

如果你在日本生活，那一定从出生以来就在超量供给的物质条件下过着富裕的生活。所以很多人到现在都无法想象自己拥有多少物品才能快乐地生活。

经过整理后，东西不断减少。终于有一天，你突然明白了自己拥有物品的适宜数量。这一难忘的时刻终于瞬间来临，你会清晰地感觉到。那时，只听到头脑里倏地响起了"嗡"的一声，自己突然产生了顿悟之感："啊，明白了，我只要拥有这些物品就能无忧无虑地生活了！"或者："只要拥有这些物品，就能过上幸福生活了！"整个人都处于极度兴奋的状态。

我把这个瞬间称之为"适量的感悟点"。真是不可思议，只要头脑中有了这个感悟点，以后就绝对不会再增加东西，也绝对不会出现反弹的现象。

坦率地说，物品的适宜量因人而异。有的人喜欢鞋子，足足有一百双之多。有的人只要有书就感到非常幸福。既有像我这样出门外衣少、家居服多的人，也有喜欢在家里裸身，没有家居服的人（这种人出奇的多）。

通过整理后，大大减少了拥有的物品。自己在生活中重视的是什么，以及价值观，都变得一目了然。总之，目标并不在于追求减少物品或者有效地收纳物品，而是以心动感选择物品，以自己的标准过上快乐的生活。

整理的精髓不正是如此吗？

如果你感到"适量的感悟点"还未来临，那就应该继续充满自信地不断减少物品。

相信心动的感觉，人生将会有戏剧性的变化

"请以接触物品时的心动感来进行判断。"

"若衣服挂在衣架上会显得开心，就挂起来。"

"不管怎样丢弃都没关系，适量的感悟点终会来临。"

看到这里，我想敏锐的读者已经发现，我所传授的整理法就是以感情为基础的。

我一直强调"以心动感来判断""适量的感悟点一来就立刻明白了"的观点。也许这样的说法比较抽象，许多人会为此感到困惑不解。

以前的整理法大多会明确指出："两年不使用就丢弃。""适当的物品拥有量是夹克七件、衬衫十件……""买了一个物品，就丢弃另一个物品吧！""理想的物品数量是……"等。

我认为,这才是造成整理一再反弹的根本原因。自动遵循他人制定的标准,采用他们的诀窍进行整理,即使暂时能将房间整理干净,但只要不符合客户内心的标准,房间就还是会回复到原来的状态。

一个人在什么环境下才感到幸福?这个问题只有当事人才能回答。因为拥有和选择物品绝对是非常个人的行为。

如果再也不想出现反弹现象,你就应该掌握一种由你自己制定标准的整理法。

你对每一个物品都必须扪心自问"自己的感觉如何",这一点是极其重要的。

拥有大量的物品而不懂得丢弃,这种做法并不是爱惜物品,而是恰恰相反。而通过减量到自己能够确实掌握、面对的程度,物品与你的关系才会充满生命力。

丢弃物品,并不意味着过去的人生体验和自我认同就此消失。通过选用有心动感的物品,就能第一次清楚地感觉到自己喜欢什么、追求什么。

通过直面每一个物品而让自己深受教益,因为物品唤起了我们各种各样的感情。

这时我们才感受到真正的感情,而且会把感情转换为今后生活的能量。

是否有心动感?请相信你扪心自问时的感情。

　　如果相信这份感情并付诸行动，你就会看到令人难以置信的事实：各种事物都会一环扣一环地联动起来，自己的人生也将发生戏剧性的变化。

　　就像是人生被施了魔法一样。

　　我相信整理就是让人怦然心动的最佳魔法。

Chapter **4**

让人生闪闪发亮的
"心动收纳课"

人生がときめく片づけの魔法

设定家中"所有物品的位置"

　　每天工作完毕，回到家，我的例行公事如下：

　　用钥匙开门后，首先对家里大声说："我回来了！"然后，对摆在玄关地上昨天穿过后放了一天的鞋子打个招呼："昨天让你辛苦了！"接着就把它放回鞋柜。脱了鞋，把鞋子摆放整齐后我会到厨房烧一壶水。再去卧室，轻轻地把手提包放在羊毛地毯上，准备换上家居服。把换下的短外套和连衣裙依次套上衣架，并对它们褒奖道："你们今天也干得很好呢！"接着，把衣架挂在衣柜的门把手上（这儿是穿过的衣服临时挂放的地方）。裤袜就扔进衣柜右下方的脏衣篮里。再从抽屉里选出符合此时心情的家居服，迅速换上。紧接着走到窗台边，一边用手抚摸着齐腰高的观赏植物的叶片，一边对它轻轻地说："我回来了！"

随后，我拿出手提包里的所有物品，将其一长溜地摆在羊毛地毯上，再把它们依次放回到原来设定的位置上。首先，我从钱包里取出收据，然后对钱包感谢道："辛苦你了！"再把它放入床下抽屉里的"钱包专用盒"里。在钱包的旁边又放入月票夹和名片夹。在同一个抽屉里还有一个粉红色的古董盒子，我摘下手表把它和家里的钥匙放入其中。古董盒的旁边是一只放饰品的首饰盒，我把耳环和项链放入首饰盒内，并对它们亲切地说："今天承蒙你们关照，谢谢了！"

我来到玄关的书柜边上（我把鞋柜的一层当作书柜使用），把随身携带的书和笔记本放回书柜。书柜的下一层有一个"收据专用包"，我把刚才从钱包里取出的收据放入那个包里。小包的旁边是"电子产品存放处"，我在那儿放上工作用的数码相机。处理完的文件则扔进厨房灶台下面的垃圾桶里。然后，我一边泡茶，一边粗略地浏览收到的邮寄品（邮寄品看完后立刻扔进垃圾桶里）。

再回到卧室，我把已经清空的手提包放入防尘袋，再把防尘袋放回衣柜上方，对它说声："今天也很努力噢，晚安！"然后关上柜门。

从回家到现在，我刚才所做的一系列事情总共才花了五分钟。接着，我慢慢地喝着刚泡好的茶，放松地长舒一口气。

我并不是有意地炫耀优雅的喝茶时间，而是告诉各位应该事先设定所有物品的固定位置。如果能做到这样，那么即使疲惫地回家后也能轻松地整理房间，不用多加思考，而且每天都能获得很多舒适、愉悦的休闲时间。

设定物品固定位置的重点是，应该"一个不漏"地设定所有物品的固定位置。

"说要一个不漏地设定固定位置，我总感到这事永远没完。"也许有人听了快昏倒了，但这种担心完全是多余的。

确实，设定所有物品的固定位置，刚开始会觉得很复杂，其实并非如此（冷静地想一想，这其实比选择物品简单）。如果已经按类别对不同的物品进行了一次性的选择，而它们都属于同一类别，那么只要一次性地把它们收纳在邻近的地方就行。

为什么要设定所有物品的固定位置呢？因为只要有一个物品没有固定的位置，就可能造成房间里物品散乱的状态。

比如，房间里有一个空的搁板。如果现在在搁板上随意地放上一个没有固定位置的物品，就会产生致命的后果。因为这个物品孤独不安，其他的物品就会赶来安慰，因而至今为止保持着紧张感的干净整洁的房间就像被施与了"全体集合"的命令一样，东西瞬间变多。

只要进行一次设定就可以了。通过设定所有物品的固定位置，能大大减少无效购买的次数和多余物品的存量，东西也不会再增加。

换言之，就是要把自己所拥有的东西，一个不漏地一一设定它们的位置。

这才是收纳的本质。如果忽视了这个本质，只追求坊间流行的所谓的收纳诀窍，就会使得大量无心动感的物品处于一室，出现形同"置物仓库"般的可怕后果。

许多人虽然进行了反复的整理，还是出现了反弹的情况，其根本原因就在于他没有明确地设定物品的固定位置。**反过来说，只要设定了所有物品的固定位置，物品使用后都能有序地回归原处，家里就能长期保持整理后的整洁状态。**

如果原本物品就没有固定的位置，那要它们回归到何处去呢？

设定物品的固定位置，使用后回归原处。

这才是考虑收纳工作时的大前提。

丢弃物品前，不可偏信"收纳的绝招"

在整理讲座上，我给参加者展示了一张我的一个客户房间的照片，名为"整理的前后"，参加者看后都感到十分惊奇。

其中最多的感想是："这是个空空如也的房间哪。"

是的，**地板上不放置任何物品，目及之处没有任何杂物，甚至连书柜都没有**。但这并不意味着书籍已经全部被丢弃了。实际上，是主人把书柜放入了衣柜或壁橱里面。

把书柜放入衣柜的诀窍可以说是我的招牌收纳法。

现在还有百分之九十九的人认为尽管衣柜可以收纳百物，就是不能把书柜放入其内。

这完全是不必要的担忧。书柜不但能放进去，而且还很宽裕。

其实，你应该感到现在所拥有的收纳设施和房间本身的收纳空间都是很完善的。当然，我也一直听到许多人抱怨："我家的收纳空间太小了……"

平心而论，就收纳的真正意义来说，没有一个家庭可以得出收纳空间太小的结论。那些所谓收纳空间太小的家庭只不过是拥有了太多无用的物品而已。

如果能够正确地选择物品，那么自己现在居住的房间和收纳的空间正好能收纳留存下来的物品。这就是我所倡导的"整理魔法"。

虽说不可思议，但也充分说明了"根据心动感进行判断的方法"的正确性。

所以，我的整理法首先采用丢弃的方法来终止物品杂乱的状态。

做到了这一点，设定物品的固定位置就变得十分简单。因为丢弃作业后留存的物品数量已被减少到原来的三分之一或四分之一。

如果不丢弃物品，只考虑各种收纳方法，专注于追求收纳的绝招，那么最后只会陷落尽管反复整理还是整理不好的"反弹地狱"。

为什么我能充满自信地如此断言呢?

因为我自己过去就是这样。

虽然我现在能很干脆地说"不要成为收纳达人""可以暂时忘记收纳，最重要的是减少物品"，但其间的转变也并非一蹴而就。

其实，就在不久前，我头脑里百分之九十想的都还是收纳。我从五岁起就开始认真思考有关收纳的问题，直到中学时代看到启蒙书籍《丢弃的艺术》后才转而对丢弃有所顿悟，所以，收纳的经历非常长久。其间，我读了不少相关的书籍和杂志，也跟普通人一样，把所有收纳方法的实践和失败都经历了一遍。

自己的房间自不待言，即使是哥哥的房间、学校里的教室，我都每天瞪大眼睛凝视着那儿的抽屉里的物品，动着小脑筋。为了正确地摆放那些物品，我把那些小东西排成一长列，心里不住地盘算着："这个抽屉放在这里怎么样？""拆去这个抽屉的隔板好吗？"等。我无拘地漫想着，闭上眼睛苦苦思索解决难题的办法。

经历了这样"收纳的青春时代"后，我的头脑中已经对收纳形成了比较固定的看法，认为所谓的收纳就是如何合理地利用空间收纳更多的东西的脑力竞赛。因此，只要看到家具之间的空隙，就绝不放过，努力塞进要收纳的物品。要是塞进的物品正好填满这个空间，就像立

　　了大功似的发出"哼哼"的得意笑声，心里充满着非常自豪的胜利感。

　　　　不知不觉间，我对自己的房间以及各种物品都似乎采取了一种只想战胜它们的敌对态度。

收纳要"简化至极限为止"

　　当我刚开始从事这份工作，帮助客户设计家庭收纳的方式时，总感到自己必须掌握什么神奇的收纳诀窍。比如，我曾在某杂志的收纳专辑中看到一篇奇文《用竹苇席在这样的空隙制作一个搁架收纳这样的物品！》，当时心里很激动，觉得自己应该像那篇文章写的那样，采用一种让周边人都感到惊羡的收纳方法，这样才能让客户们感到满意。我为此苦思冥想，无形中承受了很大的压力。

　　但是，那种费尽心思想出的收纳方法除了充满着自己的意趣，让自己感到满足之外，对居家的客户来说几乎都难以操作，不太实用。

　　比如，我为一位客户设计厨房的收纳时，竟出现了已经不用的微波炉转盘。这只转盘由两层玻璃圆盘构成，就像中餐的圆桌那样，上面的圆盘可以骨碌骨碌地旋转。由于微波炉本身已经不在了，大可以把转盘丢了。但是，这种形式的构造让我产生了灵感，心想"可将此作为收纳用具"。但是，这种又大又厚的圆盘实在笨重，以致到处都找不到可使用它的场所。有一次，我无意间碰到一位客户，她对我诉说自家厨房里的调料和调味汁的存量太多，很难管理。没过多久，我应邀去她家厨房实地查看，当我打开水槽旁边的调料柜时，只见里面放满了各式各样的瓶瓶罐罐。我不由得想起先前设计制作的圆盘构造，决定当场试验，于是立刻把柜子里的调料瓶罐全部取出来，在柜子里放上那只转盘，发现大小正好合适。接着，我又把那些瓶罐放在那只转盘上。就像商品展示那样，只要把圆盘轻轻一转，就能立刻取出放在后面的物品。这种收纳方式实在太方便了。那位客户看了也十分满意，不住地称赞道："太神奇了，太神奇了！"

但是，没过多久我便发现这种收纳方法是错误的。由于下一次课是检查客户的家庭厨房，所以我特意提前去了那个客户家。结果发现厨房的其他地方和以前一样都保持着整理后的整洁状态，但是打开调料柜一看，里面却是乱糟糟的，一片狼藉。经过详细询问，才知道事情的真相：原来每转动一次圆盘，放在上面的调料瓶就会不断地倒下来。结果不但取不出放在里面的调料瓶，那些倒下的调料瓶还卡住了转盘的边缘，使整个转盘都难以转动。

原来如此！我当初一味地想着要制作一鸣惊人的收纳用具，只考虑了转盘的使用，根本没有注意到放在圆盘上的那些瓶罐的具体状况。经过反复思考，我终于认识到那些作为存货的调味瓶罐并不都是需要立刻取出来使用的物品，无须采取"通过转盘旋转选用"的方法。况且圆形的物件往往会浪费使用空间，原本就不适合作为收纳用具。

结果，我撤去了那只转盘，把调料瓶罐放入四方形的盒子，再存放在调料柜里。虽然这只是一种极为普通的收纳方式，但其后再询问那位客户的感想时，她却极力称赞这种收纳方法，说使用起来非常方便。

这次之后，我得出了这样的结论：**收纳最好简化到极限为止，无须过多思考复杂的技巧。**如果感到困惑了，不妨问问自己的房间和物品。

大家都知道，家里物品杂乱的主要原因是物品太多。造成物品太多的主要原因是自己没有控制好拥有的物品数量。而没有控制好物品数量的主要原因是收纳的方法太复杂。因此，防止出现物品过多现象的关键在于能否简化收纳方法。

收纳应该简化至极限为止，使自己拥有的物品数量始

终处于可控的状态。

这就是收纳法的精髓。通过这样收纳物品，你的房间就能长久地保持整理后的整洁状态。

我提出收纳方法应该简化到极限是有理由的。因为无论采用怎样的收纳法，都不会记得所有物品的放置位置。就连我家也是一样。虽然我在收纳上已经简化到了极限，但是一拉开抽屉，依然会发现这样的情况："咦，这小东西怎么会跑到这儿来了？"尽管如此，我还是自信现在收纳方法的正确性。如果再进一步按照"三阶段的使用频率"或者"季节"的方法来区分各个抽屉的功能的话，就会有更多东西不见天日了。所以，我不愿追求新奇，还是坚持认为收纳法应该越简单越好。

不要分散收纳场所

如标题所示，我倡导的收纳法特别简单。**这个方法的原则是，把同类的物品置于一处收纳，绝不分散。**

收纳上必要的类别只有两大类，即"按物品的主人分类"和"按物品分类"。

这样的分类主要是考虑家人合住和一人独居的不同情况，这样说应该比较容易理解。独居的人最简单。因为他有自己的房子，只要按照物品类别分类收纳就可以。

收纳时物品的分类方法和丢弃时的分类方法一样，依次为：衣服、书籍、文件、小件物品、纪念品。

首先要按照这个顺序选择物品，然后把同类物品放在同一个场所集中，进行收纳。

有时候也可以更粗略地分类，那就是根据物品的材质，分为布质物品、纸质物品、电子产品等，并且根据集中一处就近放置的原则决定收纳场所。与通常那种通过想象物品的使用状况和考虑物品的使用频率进行分类的收纳方法相比，这种方法绝对更方便和实用。事实也证明这是正确的分类方法。

不光我这么觉得，如果你能顺利地通过根据心动感选择物品的阶段，同样也会明白这种方法的好处。因为一次性地把散乱在家中的物品集中于一处，对它们逐一审视，做出弃留的判断，只留存有心动感的物品，这样的作业对后面的收纳工作大有好处，实际上也可以看作磨炼设定收纳场所的感觉的强化训练。

在与家人合住的情况下，首先要根据家人的不同情况清楚地划分出各自的收纳空间，而且绝对不能遗漏这个步骤。比如，要清楚地规定自己、丈夫和小孩的收纳处，然后让使用者把自己的物品全部集中在各自的收纳处，只要这样做就可以了。

此时的重点是，尽可能安排一人一个收纳处，坚持采用"集中一点收纳法"。

如果到处都有自己的收纳处，很快又会出现物品散乱的状况。不同的使用者把各自的物品集中一处收纳，对于长期保持整洁有序的收纳状态，能发挥超出预期的良好作用。

以前，曾有一位客户对我提出这样的请求："请把我的孩子培养成善于整理的孩子吧。"她有一个三岁的女儿，对其期望甚高。为慎重起见，我特意去她家里查看。结果发现她把孩子物品的收纳场所分为三处：放置女儿衣服的抽屉在卧室里，玩具放在客厅里，书柜放在和室里。于是我要求她们还是按照我的收纳法基本原则，把所有的物品都集中在和室一处收纳。

据说从那天起，她的女儿就开始自己选择衣服，还会把自己用过的物品放回原处。

"连三岁的孩子都能自己整理啊……"

虽然那个孩子是按我的指示行事的，但我心里还是感到非常吃惊。

无论是谁，只要有属于自己的收纳场所，都会非常高兴，都会产生"这儿是只属于我的场所"的意识，都会想认真地管理。即使难以确保每个人都有一间自己的房间，但让每个人都有自己的收纳场所则十分可行。

我曾听到很多不善于整理的人对我诉苦：小时候是由母亲整理自己的房间，或现在仍没有只属于自己的空间。

在家庭主妇中特别常见的是，她们用孩子衣柜的一部分收纳自己的衣服，用丈夫书柜的一部分收纳自己的书籍，使全家人都没有"只属于自己管理、自己使用的空间"。这是非常危险的。

无论是谁，都绝对需要一个只属于自己的领地。

然后，如果要全家一起整理房间，我估计你肯定想叫大家从客厅或从药品、洗涤剂等共同使用的物品开始整理。我虽然理解你的想法，但认为这些事并不着急，稍后请大家轮流整理就可以。当务之急是选择自己物品的弃用，把留存的物品收纳在自己的收纳处。这是整理的基本常识，希望你认真学习。

和选择物品一样，按顺序进行收纳作业是最关键的。

不必理会"行动路线"和"使用频率"

"请考虑好行动路线后再收纳吧!"

如果是比较认真著述的整理书籍,必然会出现这样一句话。

这句话本身没有错。在清楚地考虑好行动路线后再收纳,历来注重实践的收纳法都是这样倡导的。只有我的整理法敢这样断言:请不必考虑行动路线。

在家庭主妇 N 夫人(五十多岁)的家里,我曾经看到这样的情况。

N 夫人顺利地结束了自己物品的整理后,想接着整理丈夫的物品。这时,她不由得感叹道:"我的丈夫喜欢取物方便。不管是遥控器还是书籍,都必须放在顺手拿得到的地方。"

我仔细地查看了她家的状况，发现 N 夫人说的确是实情。她丈夫的物品收纳场所完全处于分散的状态，卫生间里放着丈夫用的小书架，玄关处有放置丈夫公文包的地方，盥洗室里放着丈夫的内衣和袜子。

面对这样的状况，我并不怎么介意，依然要求 N 夫人采取"集中一点收纳法"进行收纳，即把丈夫的内衣、袜子和公文包也放到丈夫悬挂西服的衣柜里。

N 夫人有些担心地嗫嚅道："我的丈夫好像很喜欢把物品放在自己使用的地方，这样变动的话，他也许会不高兴的……"

这是许多人最容易误解的一种观点，以为在考虑物品的收纳场所时应首先以方便取物为标准。这实际上是个陷阱。

本来，环境之所以会乱七八糟，就是因为"无法物归原处"。换句话说，比起使用时的麻烦，更应该思考的是如何减少收纳时的麻烦。使用时，因为有明确的目的，所以除非"拿取的麻烦"真的很夸张，否则通常不太会造成困扰。之所以乱成一团，通常不是因为"收拾的麻烦"，而正是因为不知道"收纳的场所"。

如果这里出错了，就等于自己制造了一个容易变乱的机制，我会劝你采用像我这种怕麻烦的人都能够做到的"集中一点收纳法"。

我深信那种"还是把物品放在伸手能及的范围内方便"的说法并没有太多道理。

很多人根据自己的行动路线来决定收纳的场所。但是你是否想过这种行动路线是怎么确定的吗？实际上，行动路线不是根据人的行动而定，大多是取决于物品的收纳场所。也就是说，现在的收纳场所似乎是由人的行动路线确定的，但这只是个假象。实际上，收纳场所的决定在先，人的行动适应于后，是我们在不知不觉中配合已经决定好的收纳场所在行动和生活。

所以，如果根据现在生活的行动路线来设定物品的位置，不仅解决不了任何问题，反而会分散收纳场所，从而更容易导致物品的增加。最后甚至连什么地方收纳了什么物品都忘了。

不仅如此，即使是按住家的平均面积考虑行动路线，也不会影响我的观点。在你家，从一端到另一端，慢步走也不过花上十秒或二十秒的时间，在这样短的距离内，难道还需要考虑行动线吗？

如果你的目标是消除房间内物品散乱的现象，那么让物品的放置变得一目了然，远比思考琐碎的行动路线更为重要。

因此，不必想得太复杂，**根据住家的结构决定物品的固定位置就好。这样就能熟知物品收纳场所在家里的具体位置。**

根据这个道理，我的住家收纳方法十分简单。坦率地说，无论哪个客户的住家，我都能大体记得他家的什么地方收纳什么物品。因为这只是个单纯的收纳方法问题。

迄今为止，无论对哪一位客户，我都要求他在收纳时不必考虑行动路线，结果表明这完全可行。不仅如此，我还常听说实施一次简单的收纳方法后，再也没有发生过不知物品放回何处的问题。所以如果能让物品自然地回归原处，物品散乱的现象也就完全消失了。

就近收纳同类物品的方法也很有效。这样做不但不会使物品分散，而且行动路线合理，取物也很方便。

和行动路线一样，我明确表态不必考虑物品的使用频率。以书籍为例，有每天要看的书，也有三天一次、一周一次、一月一次、一年一次以及少于上述频率阅读的书……有人甚至提出了按六阶段分类收纳的方法。这样的方法更是忙中添乱，只要想想抽屉要按六阶段分开使用，大概谁都会感到头昏脑涨。

我通常按使用频率把东西大体分为使用频率高的和使用频率低的两大类。若在抽屉里收纳书籍，则把使用频率低的书籍放在抽屉的最里面，把使用频率高的书籍放在抽屉的最外面。

在逐一设定各种物品收纳的阶段，不考虑使用频率也是可以的。

在选择物品的弃留时可以问问自己内心的感觉；在决定收纳物品的场所时可以问问自己的家。如果这样做，整理作业就能顺利地向前推进。

不堆叠，"竖着收纳"才是王道！

不管是文件、书籍，还是衣服，总有人喜欢采用堆叠的方法收纳。

这样做其实很可怕。

我在收纳上只坚持一件事：竖着收纳。

衣服折叠后在抽屉里竖着收纳，连裤袜也折起来竖着收纳，即使抽屉中的文具用品，我也把订书钉的盒子和卷尺、橡皮等竖着放，有时把笔记本电脑也竖着放在书架上，就像放一本笔记本一样。

明明有足够空间，但看起来收纳得就是很别扭，很多时候只要试着竖着收纳就能解决问题。

把物品竖着收纳是为了避免物品的堆叠。这里有两个理由。首先，采用堆叠的方法，就能无限地使用空间，物品会不断向上堆叠，而且主人也不易发现这种无限堆叠的弊端。而采用竖着收纳的方法则大不相同，由于增加的物品只能占用收纳的有限空间，所以迟早会受到限制，而且物品稍有增加就会被察觉到："啊，东西又多了。"

另一个理由是被压在下层的物品会很难受。如果不断地向上堆叠物品，下层的物品极可能被压坏。我们长时间地背负沉重的行李就会感到很难受，物品也是同样的。如果在它上面堆叠着沉重的物品，久而久之它的状态就会变得越来越差。

而且，主人也会渐渐地忽视底部物品的存在，甚至完全忘记。实际上，堆叠收纳衣服的效果也很差。越在下面的衣服使用频率越低。因此，在整理衣服时，主人往往会惊讶地感叹这种衣服的惨变："买这件衣服的时候明明很喜欢，为什么现在会变得这么难看……"长期积压在下面的衣服命运大多如此。

文件的情况也差不多。如果在它上面放上别的文件，主人就不会再去注意它，以致下面的文件被主人逐渐遗忘，最后延误处理。

所以，凡是能竖立的物品都应该竖着收纳。

若有可能，不妨做个试验。现在只要把堆放的物品竖着收纳，就能马上改变原先的窘况，深切地感到自己能够控制所拥有的物品的数量了。

　　把物品竖着收纳的方法，适用于所有的收纳场所。即使是极易发生杂乱现象的冰箱也一样。只要把里面的物品竖着摆放，冰箱立刻会变得非常整洁。

　　顺便说一下，我最喜欢的食物是胡萝卜，所以我把胡萝卜竖着一长溜地摆在冰箱里放饮料的地方，作为储存物品煞是好看。

不要使用"市售的收纳用具"

现在市面上各种便利的收纳用具应有尽有，有能调整大小的隔板，有挂在衣柜挂衣杆上的布质收纳袋，有摆在空隙间的收纳小搁架。一百日元的廉价店和杂货店都有不少收纳用具出售，人们进入这些商店后都不禁被众多新颖的收纳用具所吸引。

我过去也曾经是收纳用具迷。基本款的产品自不必说，甚至对非常前卫的新潮产品也很着迷。有一段时期，我几乎把市面上我看到的收纳用具都试了个遍。不过，连我自己也深感惊诧，当时虽然花了许多钱，买了大量的收纳用具，但现在几乎一个也没有留下。

我家现在使用的收纳用具主要有以下几类：收纳衣服和小件物品的抽屉型整理箱，从中学时代起一直使用的手工制造的抽屉，底部垫上毛巾的藤筐……这些用具都放入固定的衣柜里。在厨房和盥洗室里有固定搁架。玄关处有一个鞋柜。由于没有书柜，就借用鞋柜的一层收纳书籍和文件。固定的收纳设施空间并不大，甚至比一般人家的还小。

总之，如果有普通的抽屉和箱子，就不需要特别的收纳用具。

常有人这样问我："您推荐使用的收纳用具是什么？"他似乎期待我能告诉他有什么秘密武器般的新产品。但**我明确地回答他无须再去购买别的收纳用具，家中现有的收纳用具肯定能解决问题。**

我最常使用的收纳圣品就是空鞋盒。我试用过各种各样的收纳用具，最后认为还是空鞋盒好，更何况它还是免费的。我的收纳用具评价表上设有"大小""材质""坚固性""简便性""心动感"几项，空鞋盒的得分都在平均值以上。它最大的魅力在于它不仅稳定耐用，而且用途广泛。最近，也许有很多设计新颖、样式可爱的收纳用具面世。但我到客户家拜访时最常说的一句话依然是："你家有空鞋盒吗？"

空鞋盒有无限多种使用方法，最常见的就是把连裤袜和普通袜子放入鞋盒，然后再把鞋盒放入抽屉中当作隔板。而且鞋盒的高度和卷起来的连裤袜竖着的高度正好相当。在盥洗室，可用空鞋盒存放储备的洗发露、沐浴露之类的生活用品。在厨房，空鞋盒可作为储备食品的隔板，并可存放垃圾袋和抹布等备用品。此外，那些使用频率低的烘焙用具（如蛋糕和馅饼的模具等）也可集中放入空鞋盒，再把它放到橱柜上层，这种收纳虽然很简单，但也很受好评。

不知为何，现在很多人喜欢把制作糕点的用具放入塑料袋里保存，其实放入空鞋盒的效果更好，使用时也更方便。现在，听到不少客户说，这样的收纳法让他制作糕点的机会增加了，我觉得很欣慰。

由于鞋盒盖子的深度较浅，所以可用作放置物品的垫片。如果把它放在厨房的水槽下面，在上面摆放装着食用油、料酒和调料等的瓶罐，就能避免弄脏地板。和市售的防污垫相比，它不易滑动，替换也很方便。在厨房的抽屉里放入汤勺或者锅铲等物品时，也可把鞋盒盖放在抽屉里垫底。由于它能防滑，所以每次拉出抽屉时可防止抽屉里的物品发出稀里哗啦的撞击声。除此之外，它还能当作隔板，让主人有效地利用抽屉的空间。

当然，除了鞋盒之外，还有很多盒子可用作收纳。利用率较高的有印制名片时附送的塑料名片盒，苹果公司的便携式音乐播放器的塑料包装盒等。**苹果公司的很多产品包装盒不仅大小合适，款式也漂亮，如果你家有的话，绝对可以用作抽屉中的隔板，而且它最适合收纳文具。**而用多余的保鲜盒收纳厨房的小件物品，也是非常常见的做法。

　　总而言之，只要是四方形的盒子都行。在整理物品时，要是找到可用作收纳的空盒子，可先将其集中放在一处，保存至全部整理完一遍的时候。如果整理结束后还没使用，只觉得"这个盒子以后会有用的"，那就应该果断将其丢弃。此外，对空箱盒也不能一概而论。那些纸箱或者包装电子产品的大箱子，因其体积太大不能用作隔板，因其使用不便或外观不雅也不能用作收纳用具。因此，请把这些不合适的空箱盒全部丢弃。

　　至于那些圆形的、心形的或特殊形状的箱盒在使用上都不太理想，用作隔板时容易浪费使用空间，因此不推荐使用。不过，如果这种箱盒因造型别致而让你怦然心动，那又另当别论了。

　　把箱盒直接丢弃或者糊里糊涂地留下来，真的很可惜，可以开动脑筋使其更好地用于收纳。比如，可把它放入抽屉用作发饰隔板，或用来装棉棒或缝纫用具。空盒和收纳物品的多样组合，是世界上独一无二的只属于你自己的原创作品。你尽可以根据自己的意愿进行各种尝试，同时也能从中得到无穷的乐趣。

　　只要能充分利用家中现有的物品，就会获得意想不到的奇效，而且每次都能顺利地完成收纳作业，完全没必要再去购买收纳用具。当然，如果要去选购市面上卖的收纳用具，那么造型可爱的用具比比皆是。但是，当务之急不是迅速完成整理作业吗？因此，与其在整理到一半的时候买些临时凑合的收纳用具，倒不如待完成整理后再从容地选购一些自己喜欢的收纳用具。

"包中有包"的绝妙收纳术

　　在整理自己的手提包时，常常觉得有点亏。我们通常把手提包收纳于非常好的场所，却让包里空空如也，这实在太可惜了。而且手提包又不能折叠，体积又大，为了保持外形不变还得特意塞进些硬纸团。这种浪费空间的方法，在当今高呼收纳空间不足的日本家庭是不被允许的。而且这种硬纸团放入不久就会变软变形。每次开包取用物品时，硬纸团的纸屑就会不断地冒出来，令人感到烦恼。

　　左思右想之后，我决定立刻拿走包里的硬纸团。因为首先丢弃没有心动感的物品是整理的大原则。接着，我试着放入不当季的小件物品作为填充物，夏季放口罩、手套，冬季放游泳衣等物品。如此一来，不但包包不会变形，还能收纳暂时不使用的小件物品，真是一举两得。但是我还是高兴得太早，这种收纳方法不到一年就被迫取消了。

虽然这种收纳方法很不错，但每次用包时，就要把里面的小件物品一一取出，非常麻烦。而且在包包使用期间，这些被拿出来散落在衣柜里的小件物品，更让人莫名地难过。

不过，我并没有就此灰心丧气。经过认真分析，我觉得解决这个问题要把握两点：一是不要让这些物品七零八落，二是作为填充物品的外观也要比较好看。于是我把这些填充物品先装入外形美观的小布袋里，较好地解决了问题。不但拿取非常方便，而且看到小布包也感觉赏心悦目，十分可爱。

我自认为这是一个伟大的构想，不料却碰到了更大的问题。那些装入布袋的小件物品自然从外面是看不见的。但由于它们都是不当季的物品，所以每到时令季节就需要替换。虽然我事先也考虑到这一情况，并特意将其分成两袋来装，但一疏忽就忘记了，结果在没有替换的情况下季节就过去了。那些小件物品在一年之内仅仅担当了填充物的角色。

当我打开布袋，看到那些久未见到的小件物品都显露出寂寞可怜的模样，我终于醒悟过来，自己连普通的衣服都实行"不换季主义"，现在却要求深藏在布袋里、平时看不到的小件物品按季节替换，这显然是不现实的。

于是，我把装在布袋里担当填充物的小件物品全部解放出来。但是问题并没有解决。虽然那些小件物品喜获自由，包包却失去了支撑，顿时干瘪下来。看来还得设法放入其他的填充物。由于原先使用过季的小件物品容易被人遗忘，所以这次应绝对避免类似的情况发生。

无奈之际，我尝试着把别的小包放到手提包里，没想到大获成功。在手提包里放入其他小包，使得原先浪费的空间下降了一半，只要把放在里面的小包的把手露出来，也不会发生包包找不到的情况。

重点是，应把相同种类的包套在一起。

皮包、棉布包或者婚嫁专用包，如果同一类有好几个，最好将其配成一套。这样就能根据不同的用途随取随用，非常方便。再者，旅行用的双肩包材质又薄又轻，可折叠成非常小的形状，如果有几个双肩包，就可把其余的空包折小集中放在一个双肩包里，那是最值得提倡的明智之举。

有一点务请注意：作为填充物的小包数量不宜太多。通常，"一个手提包里的填充物小包最多不超过两个"。而且在使用手提包时，绝不能忘了包里的两个小包。

综上所述，手提包最正确的收纳方法如下：

　　首先把材质、大小、使用频率接近的小包组合起来套在一起，在包的把手全都外露的状态下，把它们放入购买时附送的袋子里（如果没有袋子也可省略这一步）。不用时，可将这些提包放入衣柜或壁橱里收纳。所有的包都须放置在显眼的地方。如果在衣柜，就放在上层的搁板上；如果是壁橱，就放到顶柜里。收纳时要像排列书籍那样，把包竖着排列。

　　这种在大包里放入小包的作业颇费心思。怎样组合小包也可慢慢地摸索，它就像拼图一样非常有趣。如果找到了大小合适、里面的小包和外面的大包能互相支撑的最佳组合时，就如见证了命中注定的相遇瞬间，让人顿时感动得热泪盈眶。

手提包要"每日清空"

　　钱包、月票夹、化妆包、笔记本……这些都是每天装在手提包里随身携带的物品。

　　相当多的人认为:**"反正这些都是每天随身带的物品,就一直放在手提包里好了。"这种说法无疑是错误的,因为在手提包里面,物品很难有固定位置。**

　　手提包的作用原本就是在你外出时帮助你把这些物品随身携带。它装着书籍、化妆包、手机等全部物品,让你能轻松地提着它到处奔忙,休息时你可能随手把包包往地上一放,但它依然默默地支持着你和包里的物品,它应该称得上是尽心尽职的伙伴。可是,回到家后,你还是不让它休息,简直是罪不可赦。你在不使用它的时候还让它继续装着各种物品,它就如一个人睡觉时胃里塞满食物一样,一定会感到非常难受。其实，处于这种状态的包包非常容易受到损伤，而且会有不堪重负的感觉。

如果养成了一直把东西放在手提包里的习惯，每次调换包包时总会有一些物品留在原来的包里，那么没过多久，你就无法确定哪些物品放在哪只包里。到最后竟然会发生这样的情况："啊，我的笔怎么不见了？""我的唇膏放在哪儿了？"由于在需要的时候找不到物品，不得不再去购买补充。

在整理手提包时，从中发现最多的是街头分发的纸巾、十日元以下的小硬币、皱巴巴的收据、嚼完后用纸包着的口香糖等。如果把这些物品和贵重的印章、书籍、笔记本、饰品等混放在一起是非常危险的。

因此，必须每日清空手提包。也许有人会对此敬谢不敏："怎么，每天还得干这样的麻烦事？"其实，无须过分担心。只要开辟一个**"每天随身携带物品收纳处"**，就能简便地解决问题。

首先，请准备一个盒子，将手提包里的月票夹、化妆包和工作证等物品都竖着放入盒子里，然后再把这个盒子放入大衣柜的抽屉里就大功告成了。

无论什么盒子都可以，如果找不到合适的盒子，也可以使用空鞋盒或者直接放入抽屉的一角。如果把收纳物品的盒子放在衣柜或者壁橱里，为了表示重视，也可以尽量选一个自己中意的外形美观的盒子。放置盒子的场所最好是柜子的抽屉。无论选用哪种方式都可以，只要放在手提包放置处附近就十分方便。

当然，如果偶尔有一天不清空手提包也没关系。我也有过这样的情况，晚上很晚才回家，第二天一早就出去工作，而且使用的是同一个手提包，为了图省事，那天晚上就没有清空手提包里的物品。不仅如此，在写这本书期间，我时常因为过度劳累，回家后连家居服都没换就直接躺在地板上睡着了。

重要的是，手提包里的所有物品在家里都要有固定存放的场所，并要营造一个让包包好好休息的环境。

大件物品全部收进壁橱里

如果你的家中有壁橱，就必然能收纳房间里的大部分物品。

日本家庭历来以拥有壁橱而感到自豪。它拥有杰出的收纳能力。它不仅进深大，而且有顶柜，有强大的上下分层，能收纳各种物品。但是，事实上有许多人至今还不能有效地利用壁橱内的宽敞空间。

我们每个家庭都有这种得天独厚的收纳设施，只要充分发挥它的作用就能取得良好的成效。如果异想天开地反其道而行，想要创造什么收纳奇迹，就只能碰壁而回，现在面世的那些很难操作的收纳方法盖出于此。

有效利用壁橱空间的基本收纳方法如下：

首先，最根本的是要在顶柜里存放季节性强的物品。

比如，可放入三月女儿节和五月男孩节的玩偶，以及圣诞节的装饰品。除此之外，还可存放滑雪、登山等户外运动用具或者休闲类的物品。至于在成人礼、结婚仪式上拍摄的大幅照片和大型相册，若因尺寸过大而无法放在书架上，也可一并存放于顶柜。这种情况下，绝不能把它们放入纸箱里收纳，应该像在书架上那样竖着排列在顶柜里靠前的部位。若不这样放置，它们就会深藏在顶柜内部不见天日了。

收纳衣服时，若使用透明塑料箱，则一般不推荐普通的方形箱子，**而建议使用抽屉型的箱子**。如果把衣服收纳于方形箱内，则物品的放入取出都比较麻烦。许多人因为不愿意翻箱倒柜地取一件衣服，干脆就不替换衣服，以致拖延时日地错过了换衣的季节。当然，把衣服放入抽屉箱内时也要竖着排列。

为了防潮、防尘，被褥应放置在壁橱的上层。下层则放置电扇和电暖气等季节性很强的家电产品。

总而言之，壁橱是比较宽敞的，所以与其将其看作收纳的场所，不如视为用拉门隔断的小房间。不过，在壁橱内收纳物品不使用收纳用具是十分危险的。我有一个客户平时不使用收纳用具，喜欢直接把衣服扔进壁橱里。一天，他打开壁橱的橱门，发现里面的衣服就像炒面一样，满满地堆积着，简直就是个垃圾场。那些堆放在里面的衣服想必都会感到非常难受。

与此相反，为了有效利用壁橱的空间，也可把原先放在外面的收纳用具直接放入壁橱里。**我经常使用的绝招是把不锈钢层架或者书柜放入壁橱，也常把彩色收纳箱放入壁橱里作书柜用。**总之，这样的方法林林总总，无法一一列举。

此外，对于那些占据房间一角、旁若无人的大件物品，也要及时收纳。比如旅行箱、电暖气等家用电器、高尔夫球球具、吉他等乐器都要设法放入壁橱内。

我深知，直到现在还有很多人对我的意见不以为然。他们会在心中嘀咕道："那样的事情绝对办不到！"但是，只要他们彻底地执行本书所写的"丢弃"的方法，那些大件物品的收纳就会变得十分简单。

"浴室"和"厨房水槽"什么都不放

　　放在浴室里的洗发露、护发素等瓶瓶罐罐出乎意料地多，有时候每个家庭成员用的东西不一样，或是会根据当天的心情决定用哪一瓶；还有一周只用一次的护发素等。每次打扫浴室时就要把这些东西往外移，非常麻烦。把这些瓶子直接放在地板上，底部顷刻间就会形成讨厌的水垢。因此，一般家庭都将这些瓶子放在透水性较好的金属网架上。但这样的效果更差。因为把潮湿的瓶子直接放在金属网架上，很快连网架都会生锈。

　　我家也曾经在浴室里使用金属网架，而且是个大型的网架。我们平时把全家使用的肥皂、瓶装的洗发露以及偶尔使用的美容面膜全部放在上面。由于使用特别方便，全家人都很高兴。最初，每次洗完澡我们都会勤快地擦拭沾附在网架上的水。后来由于觉得要用毛巾沿着一根根的金属管擦拭很麻烦，于是由每日擦拭一次改为三日一次，五日一次……擦拭的频率越来越低，甚至到了完全忘记保养金属网架的程度。终于有一天，我洗澡时拿起沐浴露，突然看到沐浴露瓶的底部有一点发红。我有所醒悟地赶紧再去查看网架的底边和内面，这时才发现那儿尽是锈迹，简直惨不忍睹。当时我难受得几乎要哭出声来，不得不立即动手开始认真地擦拭。从此以后，每天在浴室的擦拭清扫都要花费不少的时间，而且每次洗浴时看到那个金属网架，我都会联想起那天看到的满是水锈的惨景。最后，我家终于放弃使用那个金属网架。仔细想想，家中的浴室时常处于高温潮湿的环境，是最不适合放置物品的场所，而且浴室中有了收纳用具，放置在上面的物品就会不断增多，这也是不言而喻的。

扪心自问，这些瓶装的沐浴露和洗发露在不使用时有必要放在浴室里吗？特别是和家人共用一间浴室时，自己不使用时还让那些物品继续处于高温潮湿的环境中，极易导致变质。一想到此，我就感到忐忑不安。

我决定在浴室里不再放置任何物品。

从此以后，凡是在洗浴中使用的物品在使用后都必须拿用过的浴巾擦干沾附在上面的水，然后再放到浴室外面的收纳场所。

虽然每次擦拭要花费一定的时间，但是经过实践我认为还是这样的操作比较方便，不仅能洗完澡马上打扫浴室，而且也不会积留铁锈，不用再费时费力地保养金属网架。

厨房的水槽四周也一样，不在水槽的周边放置厨房清洁剂和海绵之类的物品。在我家，通常这些物品都被放置在水槽下面的收纳箱里。而且会注意在海绵完全干燥后再放入收纳箱收纳。

我估计很多人会用那种用吸盘吸附在水槽内侧的金属网架放置海绵。其实还是撤去金属网架为好。因为这个存放位置经常受到水汽的侵蚀，导致海绵一直潮湿不干，还会发出一股难闻的臭味。因此，使用过的海绵一定要把水绞干，干燥后再妥善收纳。抹布也是如此，如果没有晾抹布的地方可以用晾衣夹子把抹布固定在水槽下面收纳箱的把手上晾干，但最好还是在阳台或室外晾干。

我通常把海绵、菜板、竹笊篱等物品放在阳台上晾晒。**这样做的好处是不需要用沥水篮，厨房也能经常保持整理后的整洁状态。通过日光的照射，不仅能消毒，而且能很快晒干物品，**确实是值得提倡的好方法。说实在的，我家没有沥水篮，如果有洗涤过的厨房用品，就放进套了筛子的盆子，然后拿到阳台上像洗好的衣服一样晾干。只要早上把那些洗涤好的厨房用品放到阳台上就可以了。若是一人独居，洗涤的厨房用品会很少，采用这种方法绝对方便。

接下来，那些调味品又该怎么处理呢？

那些盐、胡椒、酱油、食油之类的调味品使用的机会特别多，往往在烹饪的过程中突然要请其中的一位出场，所以把调味品放在伸手可及的地方最方便。一般而言，人们往往把调味品放在炉灶旁边设定的位置上。如果你也是如此放置，请立刻拿走那些放在那儿的调味品。

料理台原本是烹饪菜肴的地方，并不是放置物品的场所，特别是炉灶周围经常有油花飞溅的危险。所以那些被放在炉灶旁边的调味品瓶罐都会不知不觉变得黏黏糊糊的。再者，在炉灶旁边零乱地放置几个调味品的瓶罐，打扫时也很麻烦，以致整个厨房总是处于油腻腻的状态。

厨房的搁架原本就是放置调味品的地方，请把调味品都放到那儿去吧。

一般的灶台左边都有一个细长的抽屉。如果没有抽屉，也可把收纳刀叉和筷子的抽屉作为放置调味品的场所。如果连这个抽屉也没有，也可以在灶台下面设一个调味品的收纳区。

把书柜的最上层设为"我的神龛"

其实，我曾经在神社里工作过五年多。我从小学时代起就喜欢参拜神社。直到现在，只要有空，我也经常去神社，这已经成了我的习惯。

即使不像我这样喜欢参拜神社，一般人进神社必然会求取护身符或者签纸。特别是那些女性对于提高自己恋爱运的虔诚更让人叹为观止。在现场授课时，我也曾看到客户们拥有的、来自以出云大社为首的日本各地的求姻缘的护身符。当一个人备受身心煎熬的时候，将自己最后的希望全部拜托神灵，其一丝不苟的虔诚态度着实让人钦佩，但各位会不会觉得护身符很难处理呢？

对此，我们首先明确最基本的概念，**护身符不是"买来的东西"，而是"神明赐予的东西"**。它的功效期在授予之日起的一年之内，到了期限应尽快把护身符返还神社，即使不是授予护身符的神社也没关系。只是神社的护身符必须返还神社，寺庙的护身符必须返还寺庙。

现在的问题是如何对待那些还在继续发挥功效的护身符或者签纸。当然，最好是随身带着护身符。通常可以将护身符挂在钥匙圈上，也可直接放入随身的小包里，或者将其挂在使用的活页笔记本的金属配件上。不过，如果你在一年内去了多次各种神社，有四五个护身符，那也不能都随身带着。这些护身符如果携带过多、招摇示人，不但不能引起他人的羡慕，反而给人一种恨嫁的感觉。

最近，虽然各种设计新颖可爱的护身符不断增多，但我认为最好还是把护身符藏在他人看不到的地方，低调地随身带着外出活动。

在外资咨询公司工作的S小姐（三十一岁）平时非常喜欢占卦和神秘的能量活动。在她书桌的一个浅浅的抽屉里面放着一只纪念箱。箱里的书本间夹着各个时代的护身符，从小学时代奶奶作为礼物送给她的学业成就护身符到著名神社授予的姻缘护身符，那些过期的护身符共有三十四个。此外，里面还有在印度买的迷你佛像和在欧洲买的迷你圣母马利亚像。至于水晶等具有神秘力量的魔法石更是在纪念箱里骨碌骨碌地滚动着。在这种情况下，**我**

建议她在房间的一角设置一个"我的神龛"。

虽说是神龛，但也不用特别在意方位或形式，只要是一个能放置具有神圣感物品的场所就可以。比如，书柜的最上层就很合适。还有从外观看像是神龛，且高度超过视线的地方也适合放置护身符等神圣物品。

在我的整理法中还有一个隐蔽的主题，那就是**"应该把房间整理成神社那样的空间"**，换句话说，就是把自己的家变成一个充满清新空气的魔力场所。

舒服的家，只要待在房间里就感到心情舒畅的家，不知为何就是能让人全身放松的家……这些都是家已成为魔力场所的证明。

你想要住在这种有如魔力场所的家，还是想住在那种如置物仓库的家里呢？答案应该很清楚吧。

"不想被人看到的物品"就摆在衣柜里

"请不要打开这儿。"

客户们常会强硬地拒绝打开某个抽屉或箱子。

谁都有不想被人知道自己拥有某个物品的情况。这些物品基本上都是主人的心爱之物，诸如偶像的海报之类的粉丝藏品，有趣的书籍，等等。我经常看到海报被卷起来竖着存放在衣柜深处，或是 CD 被放到箱子里。不过，我认为这样做非常可惜。因为自己的房间原本就是可以放满自己喜欢物品的生活空间，所以这些物品不应该深藏不露。

但是，万一让朋友或恋人看见了这些物品，自己也会感到很不好意思。

为了解决这个问题，我常用的办法是**在衣柜内部的收纳空间开辟专属于自己的心动空间，也就是说，可以用海**

报装饰这个收纳空间。比如把海报贴在挂着衣服的衣柜深处的柜壁上，或是衣柜门背后。

这种方法，不只限于那些让别人见了会感到脸红的物品，其他物品也可以。如果有几张准备用于装饰的海报或者画，若全部用于装饰房间可能会显得杂乱，但是装饰衣柜的内部却完全没有问题。不管是海报还是照片，只要是用于装饰什么都可以。

装饰收纳的空间无可厚非。而且这种做法丝毫不受限制，不会受到别人的批评，还具有很强的私密性，别人根本无法见到。属于自己的收纳空间也是自己真正的天堂，可以尽情打造成自己的风格。

衣服一买回来就马上拆掉包装和吊牌

在客户整理的过程中，我曾看到一种奇怪的现象：不少物品还保持着原封不动的状态。不仅是食品、卫生用品，甚至连袜子、内衣都未拆封就直接放在抽屉里。这究竟是为什么呢？看着这些包装粗糙、体积庞大的物品，我不由得为此甚感担忧："可不要把物品本身都忘了啊。"

如此说来，我的父亲也是个喜欢集中购买袜子的人。他每次去超市购物，总会买来不少和成套西服相配的黑色或灰色袜子，然后就直接塞入抽屉里。此外，我还从衣柜深处发现了父亲购买的还带着包装的灰色毛衣。每当我看到这些物品被窸窸作响的塑料包装牢牢束缚的情景时，心里总会感到特别难受。

　　我原以为这只是父亲一人的怪癖行为，谁知去客户家时，才发现有相当多的人和我父亲一样。这种买后囤积不用的现象不外乎有两种理由，一种认为"这是我常用品牌的物品"，还有一种则认为"那些袜子、内衣、丝袜都是消耗品，买多了也没关系"。

　　这些人的共同点就是物品的存量太多。也许是因为那些买来的带着包装收纳的物品并没有让他们产生新的拥有感，所以出现了一种奇特的现象：以前买的物品还没拆封，又买来新的物品加以补充。这样的事例不胜枚举。据说有人买来的丝袜最高存量已达到八十二双，整整装满了一个箱子。

　　有人或许会这样辩解说："买来物品后原封不动地直接放入抽屉里最方便，而且使用时拆封的感觉也很好。"

　　我不能同意这样的说法。我敢断言，**买了物品且原封不动地存于家中，与需要时再去商店购买物品，本质上是一样的**，只不过在库存的场所上存在着家中还是商店的差别，其他方面没有不同。很多人常有这样的想法："我是在价格便宜的时候集中购买的，这样合算。"事实恰恰相反。如果考虑到使用前物品存放于商店，商店要为此支付仓库储存费，那么事情就很清楚了。商店虽然打折出售商品，但节省了仓库储存费，对商店来说它的实际成本没有多大的变化。因此，还是需要时从商店里买来立即使用为好，而且物品都是新的，我们能使用处于新鲜状态的物品。所以，**今后无须过度购物，每次要用时再买，买来物品后立刻拆封收纳。**

如果家里已有大量的库存物品，且都处于带包装的状态，**请现在立刻拆封，取出物品收纳。**

为什么要这样做呢？因为带包装地收纳衣服有百害而无一利。许多人喜欢把连裤袜带着包装收纳，现在也应该立刻拆封收纳。

为了让消费者看到包装中的连裤袜，商家在包装中加入能撑开连裤袜的纸板，但这在家里是不需要的。如果将其拆封后折叠收纳，体积就会减至原来的四分之一。而且一旦拆封，由于取用方便，就能更积极地使用。

我认为，把物品从包装中取出之后，才算是真正"买到了！"

再举一个与包装相同的例子。在我上衣服整理课时，常会看到一些客户的裙子和羊毛衫上还带着价签和生产厂家的标签。

大部分客户都忘记了这些衣服的存在，然后露出许久没见过它们的样子："啊！我还有这个啊……"

奇怪的是这些衣服并没有深藏在衣柜里，而是和其他的衣服并排挂在衣柜的挂衣杆上。既然如此，为什么在这么长时间里客户都视若无睹呢？我对此存有很大的疑问。

于是，为了弄清楚物品有标签的状态，我特意去百货公司的衣服专柜实地观察。

观察了好几次之后，我终于发现了在家收纳的衣服和在商店出售的衣服之间的差异。挂在商店出售的衣服不同于挂在家里衣柜内的衣服，它明显地带有一种"端架子"的感觉。因此，二者所散发出来的气质不同。特别是带着价签的衣服让人还能清楚地看到它还"端着架子"。

我感觉，商店里出售的衣服是商品，而放置在家中的衣服则是"自家的孩子"。所以带着标签的衣服就不会成为"自家的孩子"。即使和其他衣服一起挂在衣柜里，和那些真正的"自家的孩子"相比，首先在气氛上就显得不太融洽。所以主人往往会忽视它的存在，选用时自然很难被主人看中，甚至还有被主人慢慢淡忘的危险。

也许有人会说，如果去掉了标签，以后不穿了，出售给二手店时会不会因此而跌价？不能存有这种没有人情味的想法，我们应该有这种起码的觉悟：从在商店购买那天起，就把这件衣服恭敬地迎进自己的家门，好好地善待它。

　　因此，买来衣服后必须立刻去除附带的标签。这是为了表示那件衣服已从商品学校毕业，转变为"自家的孩子"。同时，去除标签的举动也应看作举行一次与商店切断联系的"断脐"仪式。

别小看包装贴纸所制造的"过剩信息"

　　等到成了整理高级生，清楚掌握了物品的数量和收纳的方法后，工作目标就由一般的整理房间转变为力求获得更舒适的生活空间。

　　在我的客户中，有人听了我的课程后表示已经不需要再听课了，也有人住在整洁的家里却特意赶来听我讲课。

　　K夫人（三十多岁）和丈夫及一个六岁的女儿三人一起生活。她从小就喜欢整理房间，所以丢弃家中多余物品的积极性很高，听我讲了一堂课后就减少家里的存书两百册，还整整装了三十二个垃圾袋的丢弃物品，确实是我学生中的优等生。她平时主要忙于家务，每月和其他的妈妈朋友举行两次茶话会，并且定期在自己家里开设插花讲座，常有客人出入家中，因此连平日也尽量维持家中整洁，确保"随时有客人来也不会感到丢脸"的意识也非常强。

两居室的家中有着固定的衣柜和壁橱，还有两个相当高的金属挂衣架，所以能够收纳家中所有的物品。原木地板上几乎空无一物，总是擦得光洁锃亮。跟她关系好的妈妈朋友不无羡慕地问道："你家这么干净，还有什么可整理的吗？"她还是不满足地说道："家里的东西虽然不多，但我总觉得不太舒服，好像整理还差一步没完成。"

实际上，我也拜访过她家，正如K夫人所说的那样，家里确实干净，但总觉得还有什么事系挂心中，这种感觉是……

这时，我开始检查带门的收纳空间。打开壁橱的橱门，果然如我所料。贴在箱子上的密封条，带包装的除臭剂，用于收纳的纸箱……无论把视线转移到哪一处，都看到那些物品包装上写的醒目文字，有的写着"充分的收纳能力"，有的写着"瞬间除臭"，等等。

其实，这就是"还差一步"的真面目。打开收纳空间时所看到的"过多信息"，给房间增添了些许的嘈杂感。

特别是字很多时，只要一打开收纳空间的门，人脑就会对迎面映入眼帘的文字进行无意识的信息处理，以致头脑中响起了嘈杂的声音。K夫人就是如此。她在选择今日穿着的衣服时，耳边就一直响着"除臭"的声音。即使关上收纳空间的门，种种文字信息也无法屏蔽。**这些文字变成声音后还会像背景音乐那样无所不在地飘浮在空气中，非常可怕。**家里虽然已经整理得很整洁，但总还是感觉嘈杂的话，往往是收纳过程中无用的信息泛滥所造成的。越是在物品少、整洁有序的住家，越会感受到这种"信息的嘈杂感"，并由此造成了不必要的烦恼。

因此，首先应该立刻拆除商品的包装。（和衣服的标签一样，必须把物品从商品的状态中解放出来，并作为"自家的孩子"迎入自己的家门。）然后还要拆去那些除臭剂、洗涤剂之类不太美观的外包装的塑料薄膜。

人眼看不到的地方也是家的一部分。应该尽量减少那些没有心动感的多余文字，让家里保持宁静又沉稳的气氛。虽然看起来只是一点小事，却能产生惊人的差别，实在没理由不做啊。

越爱惜物品，物品就越能成为"你的好伙伴"

在整理课上，我曾给客户们出过这样一道题目："慰问你的物品"。回到家后，我一边脱下外衣挂在衣架上，一边对外衣谢道："今天让我很暖和，谢谢你了。"在摘下身上的饰品时我也会对它说："今日你让我很漂亮，谢谢了。"把手提包放回衣柜时，我谢道："承蒙你的帮助，今天的工作效率很高，谢谢！"就这样，我对随身携带的物品逐一致意，**对它们支持我一天愉快的工作表示真诚的感谢**。我认为慰问物品很重要，即使不能每天这样做，偶尔为之也是十分有必要的。

我之所以能这样慰问我的物品，感到它们都似乎具有生命，是因为我曾经遇到这样一件事。在我还是高中生的时候，第一次有了属于自己的手机。当时手机的构造还很简单，屏幕是黑白的，而且只有打电话和发短信的功能。尽管如此，我还是十分喜爱。机身呈淡蓝色，小巧玲珑，样式也很可爱。虽然我绝对没有那种所谓的手机依赖症，但我还是在校规明令禁止学生带手机进校的情况下，每天把手机偷偷地放在校服的口袋里走进学校，偶尔悄悄地拿出来欣赏，还会哧哧地发出会心的笑声。没料到当今的手机制造技术飞速发展，转眼间就进入了彩色屏幕时代。我虽然依旧固执地使用着我的黑白屏幕手机，并对手机的外部也做了很多的装饰，但是毕竟挡不住外界的诱惑，最后终于换掉了原来的手机。

我得到新的手机后，一天突然产生了试着向原来的手机发送短信的念头。由于第一次换手机，心里非常快活，我稍思片刻，写下这样一段文字："承蒙你以前的关照，谢谢！"为珍重起见，我特地加上了爱心图案，然后小心翼翼地按下了发送键。

不一会儿，那部旧手机响了起来，我立刻拿过旧手机确认短信的内容。当然，短信的内容和发信时的一模一样。我点点头说道："嗯，确实收到了。承蒙你以前的关照，谢谢！"我重复了一遍短信的内容，关上了手机。几分钟后，我再次打开那部旧手机。不知为什么，手机的屏幕一片漆黑，而且不管按什么键都不起作用了。结果，那部一次都没坏过的旧手机，在收到最后那条表示感谢的短信后，就完全失去了原有的功能。我由此深切地感到，那部旧手机也许感悟到自己的使命已经结束，所以就自觉地引退了。

当然，这也许纯属偶然。也许很多人至今也不相信人和物品之间能够交流沟通。

我常听说那些一流的运动员把自己的运动器具视作圣物，平时都加以细心的呵护和认真的保养。我想他们定然感受到了那些物品的力量。若真是这样，那我们不仅对特殊的工作用具要加以呵护，就是对普通的衣服、提包、钢笔、电脑及平时使用的每一样物品都要倍加爱惜。这样，我们就如同一下子为自己找到了许多加油打气的帮手。

拥有物品，不仅限于特殊的比赛或有胜负的时候，也是发生在日常生活中理所当然的行为。

即使我们没有特别意识到这一点，物品依然每天为了支持主人的工作和生活，勤勤恳恳地发挥着各自的作用，为了我们而拼命地工作。

我们在外面工作了一天，回到家后可以放松地长出一口气。**物品也和我们人一样，只有回到自己的归宿之处，才会真正安心。**

如果居无定所，就会非常不安。我们之所以每天能放心地去公司工作、外出购物或者与外界来往，就是因为我们有一个属于自己的家，不管什么时候，它都耐心地等待着我们归来。对物品来说也是一样的。

所以，那些拥有固定的位置，并且能够回到原处休息的物品所散发出的光芒是不同的。比如，我经常从那些平时细心对待衣服的客户口中听到这样的话语："衣服上不易起毛球，自己也不再容易打翻茶水，衣服的使用寿命也延长了。"**我认为这是那些支持主人生活工作的物品真诚回报的缘故。**只要善待每一样拥有的物品，就必然会得到物品们的真诚回报。从这个意义上来说，是否以物品喜爱的方式收纳它们是我们应该时时问自己的大问题。我一直这样认为：**"所谓的收纳，就是决定物品居所的神圣行为。"**

Chapter **5**

让人生发生戏剧性
变化的整理魔法

人生がときめく片づけの魔法

整理房间之后，才发现心中真正的渴望

　　世上有所谓"班级委员型"的人。他们喜欢张扬，具有一定的领导能力，是大众的红人。不过，我当然是"整理收拾型"的人。不张扬，不吵闹，只是默默地在教室的一角整理书架。通常都是有特殊爱好的人才会被冠上这样的称号。

　　这不是比喻，也不是开玩笑。我上小学时，曾经第一次担任班级里的"整理员"。直到现在我还记得很清楚，那时班里还有"饲养员"和"养花员"，当时大家都争着去当，最后不得不通过猜拳来决定。而当老师说"谁来担任整理员"时，只有我一人自信满满地举起手来，响亮地回答："我来担任！"现在再回想起来，也许从那时开始，我身上就显现出整理的基因了。

抱着极其简单的愿望，我高兴地担任了班里的"整理员"。于是，从那天起，我开始堂堂正正地整理收拾教室的书架和衣帽柜。我之所以会长期地乐此不疲，是因为常常听到旁人对自己的赞扬。有人说："这么小年纪就清楚自己要做什么，真让人羡慕。"还有人说："我还不知道自己喜欢做什么……"

不过，真正感悟到自己这样喜欢整理只不过是最近的事。

现在，我几乎每天都要去客户家里做现场指导，还时常进行演讲，生活完全围着整理工作转。其实，我小时候的梦想是嫁人。而整理对我来说就是日常生活，至于将来要当一个专业的整理工作者的想法在我自立门户之前连想都没想过。所以，过去每当别人问我"你的兴趣爱好是什么"时，我总会犹豫半晌，然后才带着苦涩地回答："读书。"私下里，我常叹息着反问自己："我究竟喜好什么呢？"

提起自己过去当过"整理员"的旧事，并不意味着我一直牢记着这样的事实。只不过正巧在整理房间的时候，无意间回忆起往事："啊，这么说来，我在学校最早担任的是整理员哪……"于是，我回想起十五年前在教室里看到黑板的景象，与此同时，再次确认了自己从那时起就喜欢整理了。对于当时的热情连我自己都感到十分惊奇。

请你也回忆一下自己的童年，那些小学时代担任的班里的职务或者最喜欢做的事情都会历历在目，也许是照顾小动物，也许是出黑板报。即使什么都不是，难道你不觉得学生时代的往事与你现在所从事的工作有着某种微妙的关联吗？**自己真正喜欢的事物的根源，即使时过境迁也不会改变。而且，整理绝对可以帮助你发现这个根源。**

在我的客户中，有一个叫 A 小姐的女孩子，她从学生时代就和我有着很好的关系。她原本在一家大型 IT 企业工作，通过整理她才发现了自己真正喜欢的工作。

整理结束后，她终于发现书架上留存的都是自己有心动感的书籍。那一长溜地排列着的全部是有关社会福利的书。至于自己成为社会人后特意买来的英语教材和秘书资格审定的书籍则完全消失，而中学时代买下的有关社会福利的书籍却还好好地留存着。

据说她以此事为契机，重新思考自己从中学生到成为社会人期间一直做保姆义工的事，并立下了自己的宏愿："我要创造一个让生过孩子的女性也能安心工作的社会。"

于是，她再次燃起了隐藏心中多年的工作热情，从我的整理课程毕业后，又花了一年的时间，为自己的独立事业继续学习，同时积极着手各项准备工作。最后，她终于辞去了原来公司的工作，开办了一家独立的从事保姆事业的公司。现在她已经拥有了众多客户，每天一边探索着工作的方法，一边为各项业务快乐地忙碌着。她深有体会地说：**"通过整理，我终于找到了自己想做的工作。"**

其实，这种来自客户的肺腑之言一直不绝于耳。几乎所有的客户在学完我的课程后对工作的认识都发生了巨大的变化。有的人想自立门户，有的人想转换工作跑道，有的人则对以前从事的工作进行了更认真的思考。当然，这不仅仅是对工作而言，包括对自己的兴趣爱好、对家务事，他们也有了新的认识。随着每天意识到自己"喜欢的事物"的时间的增加，他们的生活也变得朝气蓬勃。

为了清醒地认识自己，可以冥思苦想地进行自我分析，也可以征询别人的意见，但我认为整理是最好的捷径。那些拥有的物品会准确地诉说你做过的所有选择。因此，**整理的过程也可以说是盘点自己得失优劣的过程。**

使人生发生戏剧性变化的"整理魔法"的效果

"我以前深信充实自己非常重要，为此经常去听各种讲座，通过学习增加知识。不过，现在通过整理我第一次感到做减法比做加法更重要。"

发表上述意见的是 M 小姐（三十多岁）。她平时酷爱学习，并有着广泛的人脉关系。

听了我的课程后，M 小姐高兴地告诉我她的人生已经发生了一百八十度的转变，并由衷地说起自己对整理活动认识的心路历程。

她丢掉大量的原来排在"丢不掉物品第一位"的讲座教材后，心情如释重负。在丢掉近五百册原先总觉得会再次阅读的书后，各种新的信息竟然源源不断地来到自己身边，真是不可思议。接着，她丢弃了大量的名片，没想到那些想见的人竟然主动来和自己联系，而且很自然地见上了面。这究竟是为什么？她自己也感到十分惊奇。

M 小姐十分喜欢有关心灵方面的学说。但她还是非常兴奋地对我实言相告："与那种风水、能量物品相比，还是整理作业更有实效。"

现在，她已决定辞去原来公司的工作，并准备出版一本自己对整理的体会的书籍。她深切地感到自己正朝着新的人生目标，意气风发地勇往直前。

不仅是 M 小姐一人有这种变化，通过整理使自己人生发生戏剧性变化的概率可以说是百分之百。这个被我称为**"整理魔法"的效果确实会给人生带来巨大的影响。**

偶尔听到当事人谈起自己通过整理作业发生的种种变化时，我还是会感到十分惊奇。尽管在今天看来，这些变化也是顺理成章的事，理所当然。但是，那种能够"一次性在短期内彻底完成整理作业的人"的确是十分幸运的，他的人生一定会发生戏剧性的变化。

M 小姐的母亲 S 夫人一直念叨女儿让她整理房间。但当她亲眼看到自己女儿的房间时，不由得大吃一惊。她女儿过去从来不会整理，没想到现在的房间竟然变得如此整洁。于是她特意前来学习我的课程。通过学习，她对整理作业有了新的认识。

她原以为自己是个会整理的人，现在看来其实她根本不懂整理。她通过学习，对丢弃物品产生了前所未有的快感，就是价值两万五千日元的茶具，也能毫不吝惜地丢掉。现在，这位老太太早早地企盼着处理不可燃垃圾的日子快点到来，以便及时清理她丢弃的这堆物品。

"我以前没有自信。通过学习，我强烈地感到如果现在不改变，就再也没有机会了。现在我觉得自己这样挺好，已经能牢牢地掌握判断物品的标准了。因此我对自己充满了信心。"

S夫人的上述体会也应看作"整理魔法"产生的一种效果。确实，应该对自己的判断充满自信。通过一个一个地接触物品，切实地确定对这个物品是否有心动感，然后再判断这个物品的弃留。**在整理的过程中，要经历千百次反复出现的选择瞬间，判断力自然而然会变得更加敏锐。**

总之，对自己的判断失去自信的人就是对自己没有自信。

实不相瞒，我自己曾经就是这样的人。

而拯救这样的我的，就是"整理"。

在"整理魔法"中，孕育出人生的自信

　　我曾经问自己："为什么我会对整理情有独钟呢？"细细想来，我才若有所悟。想得到母亲照顾的愿望和对母亲依恋的情结不就是我执着于整理的原动力吗？

　　我家共有兄妹三人，我是中间的老二。三岁以后，父母就不太关注我了。当然，我的父母绝不会这样想，但当时我作为一个夹在中间的老二，总觉得父母偏爱家中的另外两个。我从上幼儿园大班开始就对家务和整理逐渐产生兴趣，也因为哥哥和妹妹都很让父母费心，所以虽然我当时还是个小孩，但也感到不要给父母添麻烦。我从小就有了不依靠别人生活的想法，当然其中也包含着想得到父母的称赞，引起他们关注的愿望。

　　我从小学一年级开始就使用闹钟，是个比谁都早起床的孩子。我不善于依赖别人，更不善于对别人表达自己的想法，总是一个人在休息的时候进行整理。按现在的标准来看，再怎么说我也不能算是个性格开朗的孩子。我喜欢一个人在校内徘徊，现在长大成人后也改不了这种性格，无论是旅行还是购物，总喜欢一人单独行动，并始终认为这是理所当然的事。

由于我喜欢独自行事，所以就缺乏和他人建立信赖关系的经验，结果变得异常地偏执于和物品之间的关系。**我不善于在别人面前展示自己的弱点，也讨厌让别人看到自己的内心。但在自己的房间和物品面前，我却能够自在地做自己，所以就觉得它们特别可爱。**

在父母和朋友之前，更早告诉我无条件被爱和感谢这些情感的，就是物品与家。

其实，我到现在都对自己没有自信，甚至对自己还太年轻、经验太少、不足的地方太多，感到讨厌。

不过，我对自己所处的环境充满自信。

我自己拥有的物品，还有自己的家和身边的朋友，这外界的一切对我是那样亲切友好。虽然不能说自己所处的环境比别人更加豪华，但至少对我而言，非常非常爱自己拥有的一切才是最重要的。我生活在如此美好的环境中，内心充满着难以言喻的感激之情。

　　总之，因为拥有那么多自己喜爱的物品和亲友的支持，我对未来充满信心。如果有人还像我过去那样，不敢对他人敞开心扉，对自己没有信心，那我希望他能发现自己拥有的物品和房间对自己的支持。

　　我之所以激励自己每天都去客户家里讲授整理的课程，就是希望让更多的人懂得我所领悟的道理。

是"对过去的执着"还是"对未来的不安"？

"不心动的东西就丢掉。"

如果你试过这样的方法，定然会感到对物品是否心动的判断并不怎么困难，因为在你接触物品的一瞬间就已经找到了答案，困难的应该是做"丢弃"的决定。

"这个烹饪器具今年没使用，也许以后还会用的……"

"啊，这是前男友送我的首饰。那时候感情可真好啊！"

我想正是上述的种种理由阻碍着物品的丢弃。

如果进一步深究不能丢弃的动机，其实也不外乎两个，那就是"对过去的执着"和"对未来的不安"。

在选择物品时，如果感到这个物品"没有心动感，但也不愿丢弃"，则不妨像下面那样，暂时停下，做进一步思考。

"这个物品是因为'对过去的执着'而不愿丢弃呢，还是因'对未来的不安'而不愿丢弃？"

请你对不愿丢弃的物品逐一思考，明确其属于何种原因，这样就能很快了解"自己拥有物品的倾向"。你会由衷地发出这样的感叹："啊，我属于'对过去执着型'"或者"我属于'对未来不安型'"或者"我属于'二者兼有型'"。

为什么说了解"自己拥有物品的倾向"很重要呢？因为自己物品的拥有方式能反映出自己生活的价值观。

拥有什么样的物品等同于拥有什么样的生活态度。"对过去的执着"或者"对未来的不安"不仅是自己拥有物品的方式，也是人际交往的模式，选择工作等的标准。

比如，一个对未来惶恐不安的女性在选择交往对象时，她不是纯粹以"我喜欢这个人，和他在一起就开心"的理由与其交往，而是惴惴地这样想着："如果和这个人相处也许会得到些好处。"或者："如果和这个人分手也许再也找不到比他更好的人了。"有了这样的理由，她即便是不喜欢那个男性也会愿意和他一起生活。就选择职业来说，她也不是以"我喜欢这项工作"或者"我想做这项工作"为理由来选择，而是这样想："如果能进入这家公司工作就好了，因为它是大公司，就是跳槽也比较容易吧？"或者：

"只要取得这种资格证书就该安心了吧？"她通常就是以这样的理由来选择就职的公司和自己的工作的。

至于对过去执着的人则是另一种表现。有的人以"我忘不了分手两年的恋人"为理由，无论如何不愿开始新的恋爱。有的人明明知道现在的工作方法不对，但他借口"以前就是用这种工作方法做成功的"，就是不愿改变工作方法。

如上所述，当你秉持"对过去的执着"或者"对未来的不安"时，就会发生不愿丢弃物品的情形。对自己而言，都是处于无法判断对现在来说，什么是需要的、什么是多余的以及"自己想要得到什么"的状态。**由于无法判断需要的物品和追求的物品，不需要的物品就会不断增加，结果无论是物理层面还是精神层面都会被大量不需要的物品所淹没。**

怎样才能理清什么是自己现在所需要的物品呢？我认为还是应该先丢弃不需要的物品。无须去远处寻求，也无须新购物品，只要对自己拥有的物品进行认真判断，减少那些不需要的物品就可以了。

坦白说，面对这些物品并丢弃它们是一项痛苦的作业。

因为在这个过程中，不得不重新面对自己过去的荒唐、愚蠢和不理性。

　　我在丢弃物品的过程中多次反省自己，深深地感到羞愧和后悔。丢弃的大量物品中，有我小学时代积攒的带有香味的橡皮、初中时代迷恋的卡通画、高中时代因逞强而买下的完全不适合自己的衣服，还有根本不需要、只是在购买时满足了虚荣心的手提包……

　　"啊，迄今为止我花了多少冤枉钱哪。""真是对不起父母！""我怎么会让这些长期不用的物品占据着房间里的宝贵空间呢？"

　　在把那些无用的物品扔进垃圾袋之前，我不知多少次发出这样后悔的心声。

　　尽管如此，存在无用物品的事实是不容抹杀的。这些无用物品都是过去自己选择的结果。我认为最危险的是，对那些无用物品的存在熟视无睹，仿佛否定自己过去的选择一样，粗暴地丢弃这些物品。**所以，我反对无意识地囤积物品，也反对"不加思考地丢弃"的做法。我想即使在丢弃之前也应该面对每一个物品，让彼此充分交流感情，这样才能处理好人与物品之间的关系。**

　　对于现在拥有的物品，我们共有三条可以选择的道路。

　　现在就面对；总有一天会面对；到死都不面对。

　　选择哪条道路是你的自由。但我绝对推荐"现在就面对"的道路。**透过物品，我们能正确地审视自己"对过去**

的执着"和"对未来的不安",最终找到对现在的自己来说极其宝贵的东西。于是,**自己的价值观就会变得十分清晰,今后的人生选择也会不那么迷茫。**

若能不再迷茫,且对自己选择的事业倾注极大的热情,就能成就更大的事业。因此,面对物品刻不容缓,越早越好。如果你要开始整理作业的话,就是现在。

丢掉杂物，找回人生决断力

　　只要一开始整理，垃圾袋就会接二连三地出现。最近，我常听到参加我整理讲座的学员以及客户之间相互议论丢弃物品的问题。"今天已经运走了几袋垃圾。""竟然出现了这样的东西。"

　　在我的客户中，有一对夫妇共运走了两百个垃圾袋的物品。除此之外，那些不能装入普通垃圾袋的大件物品又装了十个大的垃圾袋，创下了最高纪录。有些人听到这个纪录后，不无调侃地说道："他们家真大啊。""他们家难道是个垃圾场吗？"听到我说的这个数字后，几乎所有人都会大吃一惊，并露出无奈的苦笑。其实，这对夫妇家只是普通住家，并不是什么豪宅或者垃圾场。我第一次到他们家实地查看时，只见满屋子都堆放着物品，显得十分杂乱。他们的家是一幢两层楼的独栋住宅，共有四个房间，还有一个放物品的阁楼，也许比一般的住家稍微宽敞一点，但绝对没到惊人的程度。由此可见，无论哪个家庭都极有可能出现巨量的无用物品。

我让客户们在整理过程中放手丢弃的物品的数量，老实说不是个小数目。一般而言，普通家庭丢弃的物品少说可装二三十个四五升容量的垃圾袋，独居生活的人平均在四十袋以上，三口之家轻松就能整理出近七十个垃圾袋的物品。

根据我的统计数字，客户们至今共运走了两万八千个垃圾袋，估计丢弃了一百万个以上的物品。

尽管丢弃的物品为数不少，但直到现在还没听到一名客户抱怨说："按麻理惠老师的要求丢弃了物品，结果出了问题。"

其中的理由十分简单。因为即使丢弃了所有没有心动感的物品，也不会真的感到不便。那些完成了整理的客户几乎都十分惊讶地意识到了这一点。这些物品原本就不是生活的主要保障，况且客户自己也痛感不能再在这种没有心动感物品的包围中生活了。

因此，许多人通过整理作业甚至把自己所拥有的物品减少到了原来的五分之一都不到。

当然，也不能说在丢弃物品后没有出现"啊，我怎么把这个也扔了"的后悔情况，这种情况至少会发生三次。或许有人听了会感到不安，但请别担心。

尽管如此，我还是没有受到客户们的抱怨。因为他们都深切体会到"即使没有了这个物品，只要想办法一般都能解决问题"。那些客户在谈到"由于疏忽而丢弃了需要的物品"时，心情十分开朗，大多这样笑道："没关系。刹那间是有'糟了！'的想法，但绝不会有像死一样难受的心情。"他们能如此大度地回答，并不是性格开朗的缘故，也不是失去这个物品后已经有了对付这种麻烦的办法，**而是通过丢弃物品，他们的精神和心态都发生了根本的改变。**

比如，当发现丢弃的文件中有些内容以后会需要时，由于现在拥有的文件数量很少，所以不用拼命寻找就清楚"已经没有了"。**这种"不用拼命寻找"本身就有减轻压力的效果。**而在物品散乱的状态下，这样的事最使人感到无奈，因为自己根本不清楚还有没有这份文件。为了寻找只得盲目地忙乱，结果，拼命地寻找也无济于事。

如果家里只有一个文件放置场所，自己就能立刻知道有没有这份文件。一旦知道那份文件真的没有了，自己的头脑里马上就会产生向熟人请教、和公司商量、自己再去调查等种种对策，并立即付诸行动。到最后你会觉得这种事情大多会出乎意料地顺利解决，而且也没有拼命寻找而最终找不到的压力。不仅如此，通过重新调查，还会发现新的信息，或是因此和朋友联系而进一步加深关系，并且会得到朋友这样热情的帮助："让我给你介绍一个熟知这事的人吧！"于是又结识了新的朋友，这样的情况真是不胜枚举。

如果有了反复多次这样的经历，你就会明白，只要付诸行动，就能在需要的时候得到需要的信息。

如果你能体验到一次"没有了所需要的物品也总有办法"的经历，就会由衷地感到自己的生活是多么轻松。

我的做法没有引起客户投诉，还有一个原因。那就是通过不断丢弃物品就发现不能把判断的责任推诿他人。就是在发生问题的时候也绝不能说"因为那时候那个人这样说了……"而归咎于外部原因。所有的一切都是由自己判断的。现在最重要的不是诿过于人，而是考虑自己该如何行动。只有这样想才是正确的。

丢弃物品只不过是根据自己的价值观判断事物的一连串经验。通过丢弃物品可以培养和锻炼自己的决断能力。**如果不丢弃物品，一味地任其不断增加，就会失去培养决断能力的机会，你不觉得太可惜了吗？**

其实，我去客户家做现场指导时，并不是教他们如何丢弃物品，而是培养他们的决断能力。如果我"代替"客户丢弃物品，那就失去了整理的意义。

　　总之，通过丢弃物品和整理，自己的思想会发生明显的改变。

你对自己的家打过招呼吗？

　　我拜访客户家时，最先做的事就是"向客户的家打招呼"。我跪坐在客户家中央的地板上，心里默默地和屋子对话。我报出自己的姓名、住址、职业，然后恭敬地向他的家打个招呼。比如，我说："为了营造让佐藤小姐和她的家人更幸福的生活空间，请接受我的敬意。"接着，我深深地一拜。那时，客户们大多会不可思议地站在旁边注视着这两分钟的静默仪式。

　　这种致意的习惯是参照参拜神社时的做法自然发展出来的。至于什么时候开始这种做法的我自己也记不清了，**大概是自己感到客户家的门扉开启时产生的紧张感和进入神社大门时产生的神圣感十分相似的缘故吧**。或许有人认为打招呼只是自我安慰而已，但做或不做，在整理的速度上真的是有差别的。

我在整理作业时绝不穿运动服那样的作业服装，通常是在连衣裙外穿一件短外套，偶尔也会系上一条围裙。与实用性相比，我更注重服装的款式。我的客户们都为此感到惊讶，她们问我："你在整理时穿着这样的正装，不怕被弄脏吗？"

我就是穿着这样的衣服去搬动家具，蹲在厨房的水槽上面清除污垢，非常积极地进行整理作业的，一点问题都没有，而且还有对这个家表示尊敬的含意。

由于我认为整理作业是庆祝离家物品出门的节日，所以总想穿上正装以示尊重。

穿上正装向家打个招呼、表示敬意后，就开始整理作业。为了让家人能够更幸福地生活，应该丢弃什么物品，应该把留存的物品放置在什么地方，我感到家都会一一地告知我。所以，在设定物品的固定位置时，我能够顺利地决定正确的放置位置，并能毫无困难地加快整理作业的进度。

也许有人会说："麻理惠老师是整理专家，她做得到，而我却听不到家的声音，所以无法一个人整理。"

其实，物品的主人最了解自己所拥有的物品和家的情况。我的客户们随着课程学习的深入，表示"应该丢弃什么物品我已经清楚地知道了""物品的放置场所我也自然地明白了"。

现在再介绍一种方法，能够更好地抓住这种感觉。**那就是一回家就对家打个招呼："我回来了！"**这是我给来上个人课程的客户的第一个课题。与对家人和宠物打招呼一样，对家也要用声音招呼。当然，如果忘了回家后立即打招呼也没关系，偶尔想起后请对家这样招呼道："我回来了！"或者："你总是为我守护着这片生活空间，谢谢！"如果觉得出声打招呼有点害羞，也可在心里这样默念。

在重复这个动作一阵子之后，我们会发现家听了"我回来了！"的招呼声后也会做出反应。就如一阵清风吹来一般，我们真切地感受到家是那样喜悦。于是我们逐渐明白了家希望你整理什么地方、要在什么地方放置物品。

我们一边和家互相沟通信息，一边进行整理作业，这听起来似乎有点梦幻、不切实际，但是如果忽略了这一步，整理就无法顺利地进行。**所谓的整理作业，原本就是在人、物品和家这三者间取得平衡的行为。**在以前的整理方法中，虽然也强调物品和自己的关系，却不太考虑家的存在。这不能不说是一大缺憾。

我之所以强烈地感到家的存在，是因为每次去拜访客

户家时，都感觉屋子在诉说着它们有多么重视住在里面的人，总是在同一个地方等待和守护着我们。不管我们辛苦工作到多么疲惫不堪的状态，家总是抚慰我们的心灵。反过来说，即使你光着身子在地板上打滚，撒娇说"今天不想干了"，它也会说声"好的"，包容你。这个胸怀宽广的、温暖的巨大的存在除了喏喏地答应之外不会提出任何异议。所以，我认为所谓的整理就是对一直支持我们生活和工作的家报答恩情的一种行为。

不妨尝试一下，请以"如何使家高兴"的视点来进行整理作业。你一定会对自己能比平时更快更好地整理感到万分惊奇。

你拥有的物品，想帮助你更幸福

思考有关整理的问题，花费了我现在人生的一半岁月。

我现在每天都去拜访客户的家，每天面对着客户家里存放的大量物品。

壁橱里的物品自不待言，就连抽屉里的每一个物品都要仔细检查。恐怕没有别的职业能像我这样，看到他人拥有的所有物品的自然状态了吧。

在观察了众多客户的家庭后，我没有看到过任何在所有物和兴趣上完全相同的人。但是，对于那些人们家里的物品，我终于发现了它们的一个共同点。

你想过没有，你房间里的物品为什么会在那里呢？

你会这样回答："因为这是我自己选择的。""因为我自己需要。""偶然间觉得它对我很重要。"当然，这些回答都是正确的，但并不全面。坦率地说，我认为你家中的所有物品都想为你发挥作用。

这种想法并非凭空而来。我从事整理工作到现在，通过对几百万个房间里的物品进行仔细观察，发现每个物品都有为主人发挥作用的愿望。其实，这也在情理之中。那件物品在你家中，难道你不认为它和你有着特殊的缘分吗？比如一件衬衫，即使它是工厂里批量生产的一个产品，但它也是你那天在那家商店购买的那件衬衫，在这个世界上只有这一件。

人与物品的缘分和人与人之间的缘分一样，珍贵而不易得。

因此，那件物品会来到你的房间，必然代表了某种意义。

也许有人会这样反驳说："我这件衣服长久以来都皱巴巴地放在那里，总觉得看上去像含着怨气。""如果东西不用的话，好像会受到它的诅咒。"

然而以我的经验来说，所谓"含着怨气"的物品是不存在的，我真的没见过一个这样的物品。这只不过是物品的主人出于漠视物品的罪恶感而产生的一种感觉。那么房间里那些让你没有心动感的物品自身是怎么想的呢？它们只是纯粹地想到外面去而已。因为物品本身比谁都清楚，被关在衣柜里并没有让"今天的你"生活幸福。

　　我认为所有的物品都想对你有所帮助。那些物品即使被丢弃、被烧掉，都还会留下"想对你有所帮助"的能量。那些化为能量、获得自由的物品还会一边对周边的伙伴说"我原来的主人是个好人"，一边在世界漫游。然后，它们会变身成对"今天的你"而言最有用、最能让你幸福的东西，再度回到你的身边。

　　比如，就衣服而言，它也许会变为一件漂亮的新衣服回到你身边。至于那些信息和缘分有时也会改变形式再返回你的身边。

　　因此，我敢断言，将会有和你放手的一样多的东西回到你的身边。当然，这种情况只限于那些物品自身想再度回到你身边的时候。所以，在丢弃物品时，不要这样消极地想："啊，我还没用过哪！"或者："根本没使用，真对不起！"应该充满感情地对它们这样说："你我难得相遇，谢谢了！"或者："你走好，有机会再回来！"然后再愉快地送它们离开家门。

　　现在请丢弃已经没有心动感的物品，因为对那些物品而言，这也是迈向新生活的仪式。请务必对它们的出门送上诚挚的祝福。

　　我认为，物品不只在你得到的时候光彩夺目，在被丢掉的时候更是闪闪发光。

房间洁净，身体也跟着清爽起来

　　在进行整理的时候，常听到我的客户反馈说："我的体重减轻了。""我的肚子变小了……"这听起来简直不可思议。也许是减少了房间里的物品后，自己的身体因房间的"瘦身"而产生自然反应，因此出现了"瘦身"的效果。

　　在一天清理出四十个垃圾袋的物品或者一次性清理出全部无用物品的时候，身体通常会出现一些变化，比如，短暂的腹泻或者皮肤上长出疹子，身上会出现像经过一次小型断食后的变化。这种变化不但没有坏处，而且还能一次性地排出原先积存在体内的毒素，过两天就会复原，之后甚至还会通体舒畅，皮肤也变得光滑。有一位客户告诉我，她曾对十年间弃之不顾的壁橱和屋内放置的物品进行了一次性的彻底整理，结果丢弃了一百个垃圾袋的无用物品。在整理过程中，她的腰部和腹部进行了不断的运动，其后她惊讶地发现自己的身体变得十分轻盈。

"只要进行整理，就能瘦身！""丢东西之后，皮肤变得光洁可爱了。" 初一看，都会认为这样的词句好像是不靠谱的虚假广告，但经过具体的整理实践后，这些词句对你来说已经不再是离奇的大话了。遗憾的是现在还未能详细介绍你身体在整理前后的变化。其实，我的客户们通过整理房间的作业，都变得性格开朗，形象可爱。轻盈的体态、光洁的皮肤、神采飞扬的双眼……这些可喜的变化都给我留下了深刻的印象。

在刚开始整理工作时，我也感到非常不可思议。但仔细想想，就认为这是完全正常的事。尽管只是个人的假设，但我自认为有充分的根据。

首先，通过整理，房间里的空气变得非常干净。房间里的物品大量减少后，积存的灰尘必然减少，而这当然是因为打扫得更勤快了。减少了物品后，许多原先被物品遮蔽的地板就会显露出来。地板上一有灰尘留存，就会很显眼地被主人发现。加之清扫也很方便，主人就会立刻用抹布擦拭地板或者用吸尘器除去灰尘。房间里的空气变干净了，对人的肌肤保养大有好处。我深信，只要通过不断地、勤快地打扫房间，减肥也必然会产生良好的效果。

　　若能完善地完成整理作业，使房间处于整洁的状态，就不必再想整理的事。接下来对自己的人生十分重要的课题也变得明确。许多女性都想节食减肥。她们这时就能专注于此，不知不觉中增加步行距离，减少食量，开始采取许多减肥所需的行动。

　　不过，最大的原因或许是"明白了什么叫作足够"。

　　经过整理作业后，许多人说"物欲降低了"。以前即使有再多的衣服，依然会觉得"今天没有衣服可穿"，总感到不满足。通过整理作业，房间里只留存让自己有心动感的物品，于是就自然地产生了"自己所需要的物品都已齐备"的想法。

　　在过去，无论是囤积物品还是无度饮食都没有改变"不满足"的欲求。因为有些人只是把冲动购物和暴饮暴食当作消除压力的一种手段。

　　顺带一提，丢弃了衣服就会感到腹部轻松；丢弃了书籍和文件就会感到头脑清醒；减少了美容化妆品，让卫生间等处的洗手台或水槽变整齐后，人的皮肤就会变得光滑。这些都是我从以往的整理经验中看到的人与物的联动关系。

　　虽然目前还没找到科学根据，但是和丢弃物品一起产生的联动效应确实非常有趣。

　　只要房间变干净了，你自己也会变漂亮，甚至还能期待得到减肥的效果。这么好的事，要到哪里找呢？

252

"整理之后运气就会变好"，是真的吗？

　　"把房间整理好了，运气就会变好，这是真的吗？"

　　受到当今风水热的影响，常常有客户会这样问我。

　　所谓的风水就是通过整顿周围的环境来提升运气的开运法，日本约在十五年前开始流行，现在已广为人知。话说回来，许多人原本就是因为风水才对整理产生兴趣的吧。

　　我虽然不是风水专家，但作为整理研究的一环，我也曾经粗略地学习过有关风水的基础知识。

　　是否相信运气会变好是个人的自由，但自古以来就有很多人运用方位学和风水的知识来指导自己的生活。我只不过把这些先人的知识运用于整理的实践而已。

　　比如，在把衣服折叠后放入抽屉内收纳时，根据衣服颜色的深浅竖着排列衣服。**具体地说，收纳时把颜色浅的衣服排在前面，把颜色深的衣服排在后面。**这样的做法姑且不论能否提升运势，但只要一拉开抽屉，看到衣服根据颜色的深浅漂亮地排列的状态，谁都会感到心情非常愉快。而且把浅颜色的衣服放在前面还会给人一种安定的感觉。

也就是说，**要把自己身边的环境按照赏心悦目的标准稍做整顿，每天增加一些心动感，这正是整理的终极目的。**如果在平时的生活中不断增加这样的心动感，或许就可以说是运势在上升吧！

风水的基础是阴阳五行思想。这一思想的基本观点是"各种事物中存在着不同的气"。而风水就是从事物中寻求各种气之间相克相生的规律，并采取符合各种不同性质事物的处理方法。我认为这不过是强调了事物的客观规律而已。提倡遵循自然法则的生活是风水的基本思想。

我思考的整理的目的也与此不谋而合。

我认为进行整理的真正目的就是追求在自然的状态下生活。难道你不觉得，拥有没有心动感或无用的物品，是非常不自然的状态吗？而只拥有心动和必要的物品才是最自然的状态。

所以，我始终感到只有通过整理，人才能在自然的状

态下快乐地生活。选择有心动感的东西，珍惜对自己十分重要的东西，能理直气壮地做着自己喜欢的事情，就是无上的幸福。如果将此称作开运的话，那我确信，能实现这个愿望的最好方法就是整理。

如何分辨"真正重要的东西"？

　　有时候，当客户对家中堆积如山的物品做了大致的"留存"和"丢弃"的判断后，我会随即重新从她的"留存物品"中挑出几件物品，严肃地问道："这件 T 恤、那件针织衫你都有心动感吗？"

　　那位客户听了我的提问后，不由得瞪大眼睛，惊奇地反问道："您怎么会知道的？说实话，这些我都无法判断它们的弃留。"

　　其实，我并不详细了解这些衣服本身设计的好坏，也并不是单纯因为它们旧了而特意挑选出来，只是看到那位客户选择物品时的动作就大致明白了她的心情。她拿起物品的手势、接触物品瞬间的眼神以及判断时的速度，都是我参照的内容。因为人在对待自己有心动感的物品和有所犹豫的物品时神态是截然不同的。

一般而言，对有心动感的物品判断速度会很快，拿着物品的手指很柔软，看着物品的眼睛会闪闪发光。如果拿着没有心动感的物品，则双手会瞬间停止动作，还会摇头皱眉地做思考状，最后才漫不经心地把物品扔到"留存处"。那时，主人的眉间和嘴角都会留下些许暗影。

由于心动感会在人的肢体上显现出来，所以我非常注意这一点。

不过，即使没有刻意去观察那些客户在选择物品时的神态，我也能知道哪些是他们自己难以下结论的物品。

按照我的授课特点，客户在我去他们家之前就得到了名为"麻理惠整理魔法"的一对一培训的讲义。他们只要收到这个讲义稍加阅读后就会受到相当大的触动。所以，几乎所有的客户都会事先按照自己的理解进行整理作业的练习。

在这些客户中，A小姐（三十岁）的表现尤为突出。在我第一次去拜访她家之前，她已经清理出五十个垃圾袋的物品，达到了优等生的水平。我去的时候，A小姐让我查看她家的衣柜，并自信满满地笑道："如果再丢弃物品，我家就空无一物了。"

确实，当初来上我课时给我看的照片里，原先随意放置在五斗橱上面的毛衣被整齐地收纳于衣柜内。早先衣柜内的挂衣杆上挂满了连衣裙之类的衣服，现在按照要求也都留出了一些空隙。

尽管如此，当我在那一长列挂着的衣服中取衣服时，还是有两件衣服引起了我的注意，一件是茶色的短外套，一件是米色衬衫。这两件衣服的状态都很好，看起来也不像没有穿过，在收纳条件上和其他衣服没什么两样。

"你对这两件衣服真的有心动感吗？"

听我这么一问，A小姐倏地变了脸色。她有些犹豫地说道：

"这件茶色短外套的款式我很喜欢，但颜色不怎么样，我原本想买黑色的短外套，谁知符合我尺寸的黑色短外套已经卖完了。我想自己虽然不喜欢茶色的，但偶尔穿一次也可以，所以就把它买了下来。不过我还是觉得不合适，到现在也只穿了几次。

"那件衬衫的款式和质地都很好，但我同时买了两件。因为太常穿了，其中一件都已经穿坏了，但不知为什么，从那以后就没有去碰另外一件了……"

我没有亲眼看见A小姐对待衣服的情景，当然也并不知道她买衣服时的具体情况，只是仔细观察了那些挂在衣柜挂衣杆上的衣服而已。

聚精会神地注视一样东西，就自然能够明白它是否让主人心动。

我们都知道，不管谁都看得出恋爱中的女性与平常不同。那些有恋人的女性不但接受着对方的爱情，自己也充满着被爱的自信。为了取悦恋人，她一心想把自己打扮得更美丽。这样的心情化作能量后，她的皮肤就会呈现出美丽的光泽，两眼也会熠熠生辉，人也变得越来越漂亮。

物品也是如此，它接受了主人充满爱意的目光和细心的呵护后，心里就会这样想道："为了我的主人，我要更加努力，充分发挥自己的作用。"于是它全身充满着力量，并不断地显露出生动可爱的光泽。

主人爱惜的物品真的会熠熠生辉，所以我只要一看就能明白哪件衣服真的引起过主人的心动感。这些引起心动的真实感受存在于主人和物品的体内，无法遮蔽。

在心动物品围绕下，幸福人生就此展开

　　有人见到某个物品会大大地摇头问道："你为什么要保留这个？"

　　不管怎么说，这个物品对主人来说却是充满心动感且无法割舍的爱物。这样的情况谁都会碰到，不足为奇。

　　我每天都会接触各种客户和他们认为"对自己特别重要"的物品。但他们给我看的都是一般人难以理解的东西。比如，十根手指上都贴着不同模样眼珠的手套玩偶，或已经坏了的森永糖果玩偶造型的闹钟，还有看起来像碎木片似的漂流木的收藏品……

　　我疑惑地问道："这些物品真的让你有心动感吗？"

　　客户们毫不犹豫地回答："有心动感。"

　　望着他们两眼放光的自信表情，我再也无话可说。因

为我也曾保留过和他们相似的物品。

那就是"森林小子"的 T 恤。相信已经有人记起，森林小子就是二〇〇五年在爱知县举办的"爱·地球博览会"的官方吉祥物，当然这个黄绿色的、圆圆的小生物没有他旁边绿色的"森林爷爷"显眼。我有一件只印有森林小子脸部表情的 T 恤，我平时只把它当家居服穿。就是这样处理还是遭到不少亲友的批评："你还穿着这样的广告衫，不感到害羞吗？快把它扔了！""穿着这样的广告衫有损纯情少女的形象哦。"尽管如此，我还是不愿意将它丢弃。

说实话，我的家居服有很多，相当齐备。有粉红色饰边的女式短上衣，还有带花纹的棉布套装，等等，我每天在家里都穿着所谓"少女系"的家居服生活。

但是唯一的例外，就是那件森林小子 T 恤。T 恤整体是醒目的绿色，只是在腹部的位置上画着两个点，作为森林小子的眼睛，再加上一个像铜锣烧形状的半张的嘴巴，怎么看都是惹人怜爱的治愈系小家伙。

除此之外，T 恤的标签上还标着"身长一百四十厘米"，完全是儿童的 T 恤尺寸。爱知县的世界博览会是在二〇〇五年举办的，迄今已过去了很多年，但我还是一直穿着它。显然，穿着这件 T 恤并不是为了纪念那届博览会。我写出这件事来确实有点害羞，自己也觉得怎么拥有了这么一个莫名其妙的东西。但每当看到它时，就感到恋恋不舍，森林小子那对圆圆的大眼睛一直使我心动不已。

我的收纳方式非常简单，只要拉开抽屉，看一眼就能知道什么物品放在什么地方。所以当"少女系"家居服优雅地排在一起时，森林小子 T 恤就格外突出，也让人感到十分可爱。尽管已经穿了很久，但它却完全没有松垮变形，也没有污痕，所以至今也没有丢弃它的理由。起初，我还自豪地认为这件 T 恤真不愧是我们日本制造的产品，看了 T 恤上的标签后才知道这其实是外国货。这让我一时间忍不住抱怨：这是日本世界博览会的官方周边商品，怎么说也应该由日本制造才对！但即便如此，我还是舍不得丢掉。

这样的物品就堂堂正正地拥有它吧。无论谁来说三道四，都可以毫不犹豫地回答：**"我就是喜欢这件 T 恤，拥有它我感到非常自豪！"**因此，完全可以无视他人的"鄙视"目光。

平时，我不让别人看到自己穿着这件 T 恤的神态，偶尔把它取出来仔细地看看，就会发出会心的微笑。家里大扫除时，我把它当作工作服，和位于 T 恤腹部的森林小子一起流下辛勤的汗水，并且再盘算"接下来打扫什么地方"……这件 T 恤，常带给我这些小小的心动时刻。

对于每一样自己所拥有的东西，都能毫不犹豫地觉得

　　"我很喜欢！"，并且在它们的环绕下生活，我觉得这就是人生最大的幸福，你也想拥有这样的幸福吗？

　　只要不断丢弃那些没有心动感的物品就行，这是唯一的既简单又能满足内心需要的方法。基于上述种种，我们可把这种方法称为"整理魔法"。不然，还能将其称为什么呢？

真正的人生，从整理之后开始

　　到这里，我已经拉拉杂杂地写下了这么多。说句真心话，就是不进行房间的整理也没关系，因为不做整理也不会死人。

　　其实，在当下的社会中不懂得整理、不关注整理的也大有人在。当然，这样的人也不会来阅读这本书。

　　如果基于某种因缘你得到了这本书，我想你阅读后一定会产生想改变现状、想重新定位人生、想让生命辉煌、想让今后的生活过得更好、想更幸福等想法。如果你真是这样想的，那就说明你是一个见识和悟性都极高的人。

　　有了这样的想法，我敢保证你肯定能学会整理。

　　如果你正想整理时恰巧得到了这本书，那就表明你已经走出了十分可贵的第一步。如果你已经读到了这里，相信你已经知道接下来该做什么了。

一个人不可能重视那么多的东西。像我这种既怕麻烦又马虎的人，根本没办法爱护那么多东西。因此，我才想至少要能够珍惜对自己而言重要的东西，所以这一路以来都如此执着于整理一事。

不过，我觉得整理作业应该尽快结束，因为整理并不是人生的目的。

"整理是每天都必须进行的功课，也是伴随人一生的工作。"请赶快从这样的想法中觉醒吧。我敢断言，整理作业是能够一口气在短期内彻底完成的。

只要"判断该弃该留"以及"珍惜决定留下的东西"，就能一次性彻底地完成整理，一辈子都在自己心动物品的围绕下生活。

对整理怀抱高度热情，像我一样真正对整理感到心动，想借由整理改善这个世界的人，才需要这样一年到头都在思考整理的事，只要有极少数这样的人就够了。

故此，请你对"具有真正心动感"的工作倾注更多的时间和热情吧。

或许，这也可以说是你的使命。

我想大声地告诉大家，**整理非常有助于找出让你从内心深处心动的使命。**

真正的人生，从整理之后开始。

结束语

整理魔法，让你的
每一天闪耀光芒

前些天，我因整理过度而生病，不得不住院治疗。

早晨醒来时，发觉自己从头到肩完全不能活动，根本无法下床。难道是因为我在客户家里长时间地仰视壁橱上方的顶柜吗？抑或搬过沉重的物品？虽然不能立刻确定致病的原因，但我的生活中只有整理，所以无法在其他方面寻找患病的根源。

医生在我的病历卡上写下"整理过度"这行字。我想由此得病的患者实属罕见，也许就是在以后，在日本我也是唯一的患者吧？！

承受了这样的病痛后，我休息了几天，终于能慢慢地活动头部了。我首先想的是："如果能仰视到收纳家具的上部就好了……"我头脑里想的百分之九十依然是有关整理的事。

当把那些不再发挥作用的物品陆续送往外面的世界时，我产生了为它们举行毕业典礼般的感动。当快速决定了物品回归的场所时，我产生了有如命中注定的心动，最让我欣喜的是，整理后的房间里飘散着清新的空气……

尽管不是惊天动地的大事，但是我所倡导的整理魔法，能让我们通过自身努力让生活的每一天都闪闪发光。因此，我想让更多的人了解这种神奇的整理魔法。基于这样的目的，我写下了这本书。

我是个除了整理其他什么都不会的人，在撰写本书时，我有幸得到了各方的热情帮助。因此，我要对鼎力相助的SUNMARK出版社的高桥先生、我的家人表示诚挚的谢意，还要对许多热心的朋友以及长期以来一直默默支持我的那些物品、我的家表示衷心的感谢。

希望有更多的人能够靠着整理魔法，在最喜欢的物品的围绕下，度过心动的每一天。

近藤麻理惠

真正的人生，从整理之后开始！

图书在版编目（CIP）数据

怦然心动的人生整理魔法 /（日）近藤麻理惠
（Marie Kondo）著；徐明中译 . —长沙 ：湖南文艺出
版社，2018.7（2022.11 重印）
ISBN 978-7-5404-8682-2

Ⅰ .①怦… Ⅱ .①近… ②徐… Ⅲ .①生活—知识
Ⅳ .①TS976.3

中国版本图书馆 CIP 数据核字（2018）第 082644 号

著作权合同登记号：18-2018-079

人生がときめく片づけの魔法 #1 by Marie Kondo
Copyright © 2010 by Marie Kondo / KonMari Media Inc. (KMI)
Published by arrangement with KonMari Media Inc., through The Grayhawk Agency Ltd.
本书译文由北京凤凰雪漫文化有限公司授权使用

上架建议：畅销·生活

PENGRAN XINDONG DE RENSHENG ZHENGLI MOFA

怦然心动的人生整理魔法

作　　者：［日］近藤麻理惠
译　　者：徐明中
出 版 人：曾赛丰
责任编辑：薛　健　刘诗哲
监　　制：蔡明菲　吴文娟
策划编辑：董　卉　李齐章
特约编辑：李甜甜
版权支持：辛　艳
营销支持：杜　莎　张锦涵　李天语
封面设计：梁秋晨
版式设计：利　锐
封面插画：黄　月
出版发行：湖南文艺出版社
　　　　　（长沙市雨花区东二环一段 508 号　邮编：410014）
网　　址：www.hnwy.net
印　　刷：北京中科印刷有限公司
经　　销：新华书店
开　　本：775mm×1120mm　1/32
字　　数：150 千字
印　　张：9
版　　次：2018 年 7 月第 1 版
印　　次：2022 年 11 月第 10 次印刷
书　　号：ISBN 978-7-5404-8682-2
定　　价：45.00 元

若有质量问题，请致电质量监督电话：010-59096394
团购电话：010-59320018